NIDE NULI YIDING YAO PEIDE SHANG

NIDE MENGXIANG

你的努力一定要配得上你的梦想

许文艳⊙著

图书在版编目（CIP）数据

你的努力一定要配得上你的梦想 / 许文艳著. —济南：山东文艺出版社，2018.10
ISBN 978-7-5329-5576-3

Ⅰ.①你… Ⅱ.①许… Ⅲ.①成功心理—通俗读物
Ⅳ.①B848.4-49

中国版本图书馆CIP数据核字（2018）第195561号

你的努力一定要配得上你的梦想

许文艳 著

主管部门 山东出版传媒股份有限公司
出版发行 山东文艺出版社
社　　址 山东省济南市英雄山路189号
邮　　编 250002
网　　址 www.sdwypress.com

读者服务 0531-82098776（总编室）
0531-82098775（市场营销部）
电子邮箱 sdwy@sdpress.com.cn

印　　刷 天津旭丰源印刷有限公司
开　　本 880毫米×1230毫米　1/32
印　　张 7
字　　数 132千
版　　次 2018年10月第1版
印　　次 2018年10月第1次印刷
书　　号 ISBN 978-7-5329-5576-3
定　　价 39.80元

序言　做自己生命的主宰，活出自己的精彩

现实生活中，每个人都在努力地活着，可是有的人活得很辛苦，就算是阳光明媚、万物复苏的春天，他们也仿佛活在凄风苦雨里，悲天悯人地哭诉自己的无奈和痛苦。而有些人却仿佛一直活在阳光灿烂的春光里，就算是数九严寒的冬季，他们也感觉温暖，过着自己想要的生活，精彩地活着。

生活不会辜负每一个努力付出的人，同时也不会偏袒那些整天无所事事、不求上进却妄想不劳而获的人。成功不会在人们预想的时刻到来，总是把人们磨炼得快崩溃时，才会姗姗来迟，但是终究会到来，可是很多人等不到成功的到来就放弃了努力。

生活对每一个人都是公平的，艰苦卓绝地付出之后，会有鲜花和掌声在不远处等着他们。人生之路上，痛苦总是比快乐来得更早一些，我们抚摸着被现实折磨得伤痕累累的身心，却不能轻言放弃，只有向着自己的目标继续努力奋斗。因为我们知道，放弃努力就会与成功失之交臂，成为一个失败者，被碌碌无为的生活所吞噬。

看过这样一句话："很多人在二十多岁的时候就已经死了，只是到八十岁才埋。"说的就是那些放弃梦想的人。他们忘却自己的梦想，每天重复同样的生活，行尸走肉般活着，直到老死。

成功本来就不是件容易的事，就像逆水行舟，不进则退。不想付出努力的人，谁也给不了他想要的生活，注定与成功无缘。看着别人经过坚持不懈的努力收获鲜花、掌声和荣誉时，那些总是抱怨却不想付出努力的人只能躲在黑暗的角落里悲泣。

现实生活中，我们会产生一种无力抗争的感觉，所谓的造化弄人，觉得自己的人生被现实生活支配，付出很多努力却得不到自己想要的东西，于是便把自己的失败都推到外在因素上，而不从自身找原因。

成功者会把生活打理得井井有条，给周围人以美的遐想。他们不会做生活的懦夫，遇到困难会努力迎上去。他们把遇到的困难当成走向成功的台阶，欣然接受，并且去挑战上天给他们带来的困难险阻，从而变得更加坚强，拥有比普通人更多的财富，过着惬意的生活。

生活让我们拥有不同的梦想，让这个世界充满各种色彩，却又在我们走向梦想的道路上增加各种困难。茫然、胆怯、困惑、惰性让我们走得越来越艰难，只有抱着坚强的信念，坚持不懈地努力，才能到达终点获得最后的成功。

人生短短几十年，我们与别人相聚又分开，在追寻梦想的旅途中，我们更多的时候是一个人独行。值得庆幸的是生活给了我们强健的体魄和聪明的头脑，让我们拥有学习的能力，通过本书可以借鉴别人成功或者失败的事例来纠正自己的错误，实现自己的梦想。

没有能力主宰自己命运的时候就要养成良好的习惯，了解自己内心的渴望，掌控自己人生的主动权，处理好人际交往中的各种复杂关系，努力创造自己的人生。总有一天，你的付出会有回报，成为自己生命的主宰。

愿每一个人的人生充满快乐，走向生命的巅峰！

目录 CONTENTS

第一章 将来的你，一定会感谢现在拼命的自己

第二章 别让一成不变的稳定浪费我们的生命

第三章 你的人生要自己来导演

目录 CONTENTS

第四章 追逐梦想，听从自己内心的声音

第五章 努力到无能为力，拼搏到感动自己

第六章 自己选的路，就算跪着也要把它走完

第一章

将来的你，一定会感谢现在拼命的自己

出身比你好的人都在努力，你还敢不努力吗？

努力学习，懂得更多知识，正视人生的各种难关，克服它，

成为生活的强者，过上自己想要的生活。

要拥有高配的人生就别怕麻烦

有人说，生活是一件非常麻烦的事，每天都要面对各种各样烦人的琐事，让人痛苦不堪。有些人却不怕麻烦，他们用愉快的心情去面对麻烦，战胜麻烦，把麻烦变成不麻烦，努力使出全身的力气去做事，向着自己设定的人生目标前行。

我的微信朋友圈里，经常会有各路英雄豪杰晒他们在周游列国时游玩的照片。大多数照片是在相同的场景下拍摄的，只是镜头前的人不一样。天南地北的各路人马，为了证明自己来过这个著名景点，会在同一个地点，拍出似曾相识的照片。

有一个人的旅游照片却与众不同，引来很多朋友点赞。她叫莲花，是我的好朋友。她的足迹遍布全国，有景色如画的江南、风光旖旎的西南、壮阔苍凉的西北等。她的照片总是可以让人看到不一样的风景，让观者心存向往，羡慕沉醉在风景中的她。

一天，我到莲花家里找她聊天，见她正坐在电脑前不停地忙碌。我走上前，看到她电脑屏幕上有很多迷人的风景照片，不禁问道：“你是不是又准备出去玩了？”她回过头，笑眯眯地对我说：“是啊。要不要一起去桂林？这个季节的桂林非常美。”

看着莲花电脑屏幕上的照片，秀美的群山，重峦叠嶂，山脚下水天一色，波光粼粼，让人神往。我的脑海里浮现出脍炙人口的那句话——“桂林山水甲天下”，同时想起的还有曾经流行的一首歌曲《我想去桂林》，其中印象最深的那一句是：“我想去桂林呀，我想去桂林，可是有时间的时候我却没有钱；我想去桂林呀，我想去桂林，可是有了钱的时候我却没时间。”

挣扎在尘世中的我们都想告别烦乱的生活，离开枯燥的工作，徜徉在美丽的山水之间，抛开烦恼给自己疲惫的心放个假，享受快乐的生活，但是残酷的现实总是把我们的美好愿望挡回来。

作为普通的工薪阶层的一员，每个月的工资除去生活费就所剩无几，虽然远处的美景召唤着我们，想着昂贵的旅游费也只能望而却步，夜以继日地辛苦工作，维持温饱的生活。桂林，只能是一个梦，遥远的地方一个有关山水的梦。

“我没时间也没钱啊！你哪来的那么多钱和时间去旅行呢？”我沮丧地看着她，充满疑惑地问道。我们俩从小就是邻居，一起长大，一起上学，毕业后在同一家公司上班，在相似的岗位工作，拿着差不多的工资，可是我总是没有时间也没有钱去旅行，而她却隔三岔五地到处跑，走遍了中国的大江南北。前一阵子，她又在努力学习外语，看来准备向国外发展了。

莲花打开手边的地图册，用笔在上面标记着。我仔细看了看，那是一幅阳朔的地图，上面被莲花用笔标注出当地的各个景点，以及门票价格，当地的住宿费用，还有景点之间的交通工具——汽车、火车和飞机的性价比，看得我眼花缭乱。

“你这是在做什么？阳朔在哪里？”我好奇地问正在嘟囔着计算行程的好友。她抬起头，疑惑地看了我一眼，突然明白过来，笑着说：“阳朔就是桂林啊，你天天想去的桂林市现在已经没有风景可看了，想看桂林山水只有去附近的阳朔，那里还保持着桂林山水原生态的美感。”

“这些你都知道啊！你又没有去过。”说完，我用敬佩的眼光看着她。“那当然，我的攻略做得越详细，走在路上就会越顺畅，能看到很多别人看不到的风景，当然也会省很多钱。”莲花笑着回答我。我嫌弃地说道：“你还真不怕麻烦，跟个旅行团多方便啊，什么都不用自己操心，还可以玩得很舒心。”

“那你怎么不跟旅行团去旅游呢？”莲花好笑地问我。“太贵！”我干脆地回答道。“对啊，我俩的薪资差不多，为什么我就可以出去旅游，你就嫌贵呢？自己做攻略是麻烦点，但可以省一半的钱，还可以真正走进陌生的城市，感悟那里的风土人情。”

“跟着旅行团就感觉不到了吗？”我不服气地继续问道。莲花打开电脑里面以前出去玩的照片，指着上面她与当地人的合影回答：“跟着旅行团，就得服从命令听指挥，跟上导游的脚步游览固定的景点。难道你不觉得所有旅游回来的人贴出的照片大同小异，只有我的照片与众不同吗？”我点了点头，早就有这种感觉，只是没想明白怎么回事。

“因为我都是自己做攻略，自己选择要去的风景区。那些著名的景点我也会去游览一下，出名肯定有出名的理由。著名景点游览的游客跟在导游后面如潮水般涌过来，又奔向下一个景点，而我悠闲地站在原地，可以连续听几位来自不同城市的导游的介绍，然后细细观赏那里的风景，从不同角度领略美景，那是跟着旅行团无法享受到的感觉。旅行本来就是放松悠闲的一项乐事，跟着旅行团出游就是受罪，满满的行程，只能说去过景点，近距离接触过风景，但谈不上放松休闲，也感觉不到旅行的乐趣。”

我敬佩地看着在电脑前忙碌的莲花，怪不得她不怕麻烦地做着攻略，前期很辛苦，准备得越细致就越能了解当地的风土人情，体会另一种人生，真正享受到旅行的乐趣。

“现在是网络化社会，就算隔着十万八千里，也可以轻松地在网上购置车票、机票、门票，还可以根据上面的介绍找到适合自己的旅店。我只要把这些具体的事情都安排好，就可以轻松地出游，又省钱，又舒服。当我站在陌生城市的街道上，看着那些为了生活而奔波的人，就会深深体会到生活的美好，然后回来继续辛苦地工作。”

莲花随意地打开电脑里的一张照片，是她与一位穿着民族服装的大妈的合影，大妈的怀里还有一个可爱的小孩子。扎染的蓝色布料是这个民族服装的主色调，大妈身上披挂着种类繁多的银饰品。

“这些我在别人的照片上看过，银饰品好像没有这个颜色深，这是真正的银子吗？”我好奇地指着照片上大妈身上的银饰问道。“景区那些都是假的银子，这位大妈身上穿戴的是正宗的藏银。山区的人戴这种银子有很多好处，不仅美观，还可以防蚊虫、治疾病。”

我佩服地看着莲花，问道：“这些你都知道啊，是不是这位大妈告诉你的？”“哪有啊，当初我去玩的时候，也是不怕麻烦做了很详细的攻略，研究当地的风俗，到达目的地后注意观察才发现的。跟着旅游团，很多导游只会带着游客走马观花地看看，再弄些民俗表演敷衍一下，就带着团队离开，游客根本体会不到这个民族真正的内涵。”

“自助游到底累不累呢？”我问。

“累啊，哪能不累呢？但是累得有价值。当然，前期要做很多繁杂的攻略，就算千辛万苦做好了计划，还是会出现意想不到的变化。比如在网上订购景区的优惠门票，一般都得头一天晚上 10 点前下单，可是有一次，我想去的景点得头一天下午 4 点前下单才能使用，没办法，我只能在那个城市多待了一天。还好，那一天的时间我也没有浪费，坐着公交车到处闲逛，无意中去了当地的批发市场，买到很多便宜的特产。我买了山里产的干香菇，可惜不能带走很多，差点准备做微商，哈哈哈……”想起那段经历，莲花开心地笑起来。

我衷心地佩服她，赞道：“你真的太厉害了，佩服佩服。”莲花莞尔一笑，说：“其实你也可以啊，只要不怕麻烦，多做些攻略就行了。如今网络这么发达，有很多旅游的 APP，想去哪里都可以，按照自己的想法安排行程，就是到一个陌生的城市发呆，感觉也不错。有句话说得好：最美的风景是在路上。”听了她的话，我不禁心驰神往，决定回去后试试看，目标——桂林。

我们总是羡慕别人的生活，却看不到他们背后付出的努力。拥有高品质生活的人，没有一个是懒人，他们总是不停地忙碌，为自己的目标而努力奋斗，追求令别人羡慕的生活，谁钻研得最深，谁得到的就越多。他们享受麻烦给他们带来的挑战，用探索的激情去研究、去发掘，用心去寻找自己热爱的东西，成为一个有见识、有胆魄的人，过着属于他们的高品质生活。

那些怕麻烦，不想努力的人，只会窝在家里享受着他们懒散的生活，追求着精神上的空虚和生活中的虚无，用羡慕的眼光看着别人多姿多彩的生活。

活着本来就是一件麻烦的事，每件生活琐事，都需要认真地处理。既然麻烦是不可避免的，那就不要害怕它，努力做自己应该做的事战胜麻烦，享受生活的琐碎，成为自己生活的主人，而不是躲在阴暗的角落用羡慕的眼光看着别人活出他们的精彩。只有把麻烦变成不麻烦，才能拥有高品质的人生，过上让别人羡慕的生活。

让自己没有退路，才可以努力前进

现实中，很多人做事都会给自己留一条退路。退路，就是退却的道路，让自己做的事情有回旋的余地。看上去给自己留退路是一种明智的选择，但是因为还有一条路可走，很多人在努力前进的同时会留有余力，不能全力以赴地对待困难的事情，很容易因为疲惫而放弃努力，半途而废。他们心里想的是反正有退路可走，就算别人告诉他们再往前一步就可以挖到金矿，他们也不愿去尝试。

红火一时的电影《中国合伙人》以现实中的新东方集团创始人俞敏洪为原型，塑造了一个为了生活而打拼，把自己逼得没有退路，最终获得辉煌成就的人。

俞敏洪曾经只是一名普通的教师，出生在小县城的普通人家。他通过自己的刻苦学习成为北京大学的英语教师，业余时间教孩子们补习英语，没有出过国的他却教出很多具备出国条件的孩子，送他们走出国门，奔向更广阔的人生。

成功的培训经验让俞敏洪萌生了创办培训班的念头，可是繁重的教学任务让他无法放开手去创办属于自己的培训班，只能业余时间去忙碌。他担心创办培训班会遇到各方面的困难，不敢放手一搏，给自己留了退路。

俞敏洪的培训班越来越红火，前来咨询的家长越来越多，有个别教师看着眼红，在工作上给他穿小鞋，令他受到学校的处分；家里的妻子不停地唠叨，嫌他挣钱少，还那么辛苦。家人的不理解，工作上的辛苦，让他整天生活在水深火热之中。

“离开北大去创办属于自己的学校”这个念头一直徘徊在俞敏洪的脑海里，可他又舍不得自己辛苦挣得的“北大教师”这份荣誉。他深深体会到自己从小县城走到现在的不容易，眼看着就可以评上副教授职称，他舍不得放弃。

他觉得自己不应该只是一名循规蹈矩、围着讲台转的教师，他的世界很广阔，他希望通过自己的努力办好培训班，帮助更多人实现他们出国的梦想。

而立之年，他放弃北京大学的“金饭碗”，离开待遇好又稳定的工作，切断自己的退路，把自己逼上绝境，专心打理自己的培训班。他给自己的学校取名“新东方”，这就是后来闻名全国的“新东方学校”。

后来，新东方学校就像电影中演的那样，在美国纽约证券交易所成功上市。新东方学校成为中国人学习英语的首选之地，开遍全国各地，并且增设了各种技能学习班，最有名的是那句老少皆知的广告词：“学技术到新东方。”

俞敏洪的成功来得并不容易，因为没有退路，他只有往前冲。成功后的俞敏洪在国内有“留学生教父”之称，却还会遇到各种各样的困难。

他与好友一起扩大学校的规模，却被“聪明”的好友把他的权力架空，做公司决策时把他这个真正的创始人排除在外。他没有退缩，也没有被好友的威胁吓倒，他坚定自己的立场，做自己该做的事，因为他没有退路，也不给自己留退路，他只能往前冲。

当董事会那些领导不做实事，整天谈理想谈抱负，虚幻的承诺吓跑那些真心想投资的老板，给学校带来重创时，他没有退缩，也没有承认失败，而是用诚实的语言和详细的数据给老板们信心，再一次撑起学校。

当新东方在美国上市后，面临更大的市场，就会有更多的烦恼和困难，俞敏洪带着自己的团队继续往前冲，冲出一条崭新的道路，因为他不给自己留退路。

人生没有运气可言，那些成功的人总是比我们付出更多的努力。他们有超人般的魄力和胆识，把自己逼得没有退路，抛开所有的顾虑，放手一搏，才攀上了心中的最高峰。

初秋的一天，我和两位好友相约游览著名的道教圣地三清山。我们坐在旅游车上，经过九曲十八弯的山路，来到三清山脚下。那是个阴雨天，天空飘着小雨。我们抬头朝山上看，整座山藏在浓浓的白色雾气里，深邃的山峰若隐若现，像仙境般等待着我们去膜拜，不愧是闻名遐迩的道教名山。

我们跟在导游的后面向山上进发。山石筑成的台阶泛着水光，湿漉漉的，踩上去有点滑，我们小心翼翼地往前走着。山上的雾气很重，云雾缭绕，隐约可以看到远处山峰的形状，山石嶙峋，还有点缀在山石之间苍劲的松柏。

山路越来越陡，累得我脚都抬不起来，走两步就要停下来深深地喘口气，原地休息一下。两位好友观赏着四周的景色，等着蜗牛般的我。她们俩是运动健将，没事就喜欢暴走，美其名曰减肥，虽然她们都不胖。我比较喜欢安静，可能是身体虚弱的缘故，不喜欢剧烈运动，每次运动后感觉心脏跳动得非常快，难受得喘不过气来。

我用手捂着怦怦直跳的心，努力调节着急促的呼吸，抬头看上面被云雾笼罩的山路，根本看不到山顶，有点气馁，叹了一口气。

“加油，你可以的！”好友新艳在旁边鼓励我。看着旅行团里面的大爷大妈们从我们旁边走过，超越我们，越走越远，直到走进云雾里，我想，年轻的我总不能连那些大爷大妈都不如吧。我跟自己说：“加油！”继续向前走着。虽然还是三步一休息，可是我知道，我肯定会爬上这座仙山。我告诉自己不能遇到困难就想后退，那样我会一事无成，所以我不能后退。

很快，团里的大多数游客走到我们的前面，后面的人越来越少。在一个湿漉漉的拐弯处，导游站在那里等着落后的游客，看到脸色略显苍白的我，还有几位确实爬不动的老人，建议我们按上山的路线原路返回，在山脚下的饭店里面等待，因为最终团队还会回到那个地方集合。

我不禁为自己感到害臊，年轻的我竟然被导游列入老弱病残人士。我知道自己身体没有任何问题，只是缺少锻炼，体质比较虚弱，慢慢爬是可以爬上去的。好友们试探性地询问我的意见，我想摇头，但是看到她们关切的目光，而且一路上都让她们等着我，有点不好意思，我点了点头，心中想的是："我一个人慢慢爬，我就不信爬不上去！我要登上山顶俯瞰整座三清山！"

旅行团的队伍分成两组，一组跟在导游的后面继续向顶峰攀登，另一组原路返回，到山脚下的饭店等待人们归来，而我站在两组人员的中间。

当两边的人群消失在浓浓的雾气中时，我开始自己的征途，慢慢地向上攀登。这一次我不再左顾右盼地观赏两边迷人的风景，我的目标是爬上去，爬到顶峰。我只有一条路，那就是爬上去，"仙山"在我的脚下，只有爬上去才能一览风景，才可以说来过三清山。

我看着脚下的台阶，放缓步伐，一步一步地往上走，尽量不让自己停下来休息。

慢慢地我就赶上了落后的团友。那对老夫妻认出我来，互相问候了一声。女人告诉我："我老公去年才做过手术，现在身体里还留着钢板，所以我们只能慢慢爬，不过我们相信自己能爬上去，我们来的目的就是爬到山顶。如果你的身体没有问题，那就加油，小姑娘，相信你自己，你可以的。"

看着充满自信的他们，想着还算健康的自己，我给自己鼓鼓劲。告别这对夫妻，我继续向上爬，回头看他们相互搀扶着向上，就算再慢，也有到达终点的时刻，因为我们都没有给自己留退路，继续向前总能到达终点。

微雨中的山路异常安静，一个人静静地攀登，仿佛能听到自己的心跳声。这时，我的脑海里出现两个小人，一个说："可以了，你已经爬得很高了，在这里看风景也不错，没必要跟自己过不去。"另一个说："不行，你要加油，只要坚持住，通过自己的努力肯定可以到达目的地。"我看准脚下的台阶，一步一个脚印慢慢往上攀登，渐渐地那个劝我回去的声音越来越小，而我看到了更多的团员。他们一路攀登一路观赏美丽的景色，反而没有我走得快。

在一段最险的悬空栈道上，我的两位好友在那里一边拍照，一边向后搜寻着，看到我的身影不禁叫嚷起来："我们就知道你会上来！"我累得已经说不出话来，只是冲她们笑笑，挥挥手，留着力气继续向上走，速度也比之前快了很多。

到达山顶时，导游看到我吃了一惊，赞赏了我一句，当然我不是为了他的赞赏。看着山下弥漫的雾气，伸手就可以触碰那些白色的“仙气”，我恍若成仙，这种辛苦得来的成功，让我记忆深刻。

后来，遇到任何困难我都会告诉自己，只有不给自己留退路，才能够攀上心目中的高峰。这条路会很辛苦，但是通过自己的努力可以到达。让自己没有退路才可以走出一条属于自己的新路。确定目标，不能放弃也不要妥协，背水一战，心无旁骛才能战胜自己心中的顾虑，赢得出路，创造出属于自己的奇迹。

出身比你好的人都在努力，你凭什么选择安逸？

一个人的出身是天生的，无法人为改变，就好像皇帝的孩子永远是天之骄子，拥有众多社会资源，可以得到他们想要的一切，但是一般人却看不到皇族人的辛苦。皇族人明白知识的重要性，每个朝代对读书都非常重视，尤其是对皇子们的教育。

清朝皇族规定，皇子们 6 岁时开始读书，读书的时间是“卯入申出”，就是早晨 5 点起床进入学堂，下午 3 点才可以离开，没有午休时间，一年只能休息 5 天。

清朝皇族是满族人，所以每一位皇族成员都必须精通满族文化，还得懂得满族语言；他们入主中原，只有精通博大精深的汉族文化，才可以统治汉人；清朝版图旁边是虎视眈眈又勇猛无比的蒙古族人，作为一个合格的皇族子弟，还要认真去学习并且了解蒙古族文化。

各类经典书籍都需要皇子们去学习。作为来自大草原的游牧民族，皇子们还要精通骑射武艺，而且要比别人更强，才可以坐到那把龙椅上，成为独一无二的王者。

清朝的皇帝少有昏君，也没有暴君，这一切得力于他们从小接受的教育，以及他们自己的努力。康熙皇帝是中国历史上在位时间最长的一位皇帝，历时 61 年，开创了盛世的大局面，奠定了清朝兴盛的根基。

康熙皇帝说过，他 5 岁时就开始读书，从来没有间断过，累得要吐血，却还是得坚持。别的皇子都在努力学习，作为众多皇子之一的他，只有比别人付出更多的努力，才能得到自己想要的一切。

每天，老师让皇子们学习《大学》《中庸》《论语》等经典书籍。似懂非懂的年纪，根本无法理解书中生涩的文字。老师规定，每一个句子都要念 120 遍，然后再朗诵新的内容，直至把这些古籍完全背下来。每一位皇子都努力学习，谁都不敢懈怠，因为他们明白只有懂得更多知识，才可以成为这群天之骄子中的强者，才能够更好地统治整个国家。

清朝皇族的教育理念是：宁可教子猛如狼，也不可教子绵如羊。当然，他们并不是要把皇子培养成凶狠残暴的君王，而是让众多皇子通过自己的努力，拥有狼的智慧和强悍，做一个安邦定国的伟大君王。

现在社会上有句流行语：“不要让孩子输在起跑线上。”家长们互相攀比，让孩子上好学校，吃好的、穿好的、用好的，只要成绩好就可以，却忽视了孩子的身心健康。“起跑线”上的孩子们以学业为主，以考上理想的大学为目标，他们把所有的时间都用在学习上，最好的出路就是被保送本校读研究生。

当他们走上社会才发现，现实中学业并不是那么重要，更重要的是如何做人。可是，他们的时间都用在学习上，有些人连生活都无法自理，成为“巨婴”，遇到困难就退缩，成绩再好也会被现实社会淘汰。

那些出身比较好的同学，他们周围会聚集一群社会精英。进入学校后，他们不会只埋头学习，还会参加学生会，参与交换生、学生社团、社会实践、志愿者等各种增长见识、开阔视野的活动。他们拥有更多的智识，为了达到目的会使出适当的手段，就算是被识破也会跌倒了再爬起来，继续努力学习改正错误，以便拥有更强大的能量迎接下一场挑战。

众所周知的王思聪一直活跃在人们的视线中，他是中国一家著名企业董事长的独生子，名副其实的“富二代”。

在大多数人眼里，王思聪是一个整天只知道四处炫富，带着一帮朋友吃喝玩乐，不学无术的纨绔子弟，但这只是他给世人展现出的一面。跟大多数富二代一样，他并不是躺在父母给的温床上过着醉生梦死的生活，他的生活充满各种挑战。

王思聪自幼在国外读书，小学上的是一所普通的公立学校，在当地的学校中排名靠前，学生的成绩普遍很好。中学时，就读于一所著名的寄宿制贵族男校，小小年纪远离父母，一个人承受着生活带给他的各种烦恼。校内都是一群出身好的孩子，只有具备高素质的人才可以在这个圈子里生存，不是有钱就能路路通。大学时期，他在英国数一数二的精英大学——英国伦敦大学学院读哲学系。

丰富的海外留学经历，使王思聪形成了独特的思维方式，归国后在事业上做得风生水起。通过努力，他很快就在变幻莫测的商界里游刃有余地开拓着自己的事业。当然人们更关注他与各路女性朋友的风流韵事，但这又何尝不是他为自己事业宣传的手段呢？

电视连续剧《欢乐颂》中的富二代曲筱绡经常嘲笑别人：“我父母给我的钱够我混吃混喝一辈子了，我还在努力挣钱，你们凭什么在家里等着呢？”

曲筱绡过着让人羡慕的日子，整天逛名牌店，买名牌，与朋友花天酒地，坐着飞机到处飞。人们没有看到的是在阖家团聚的春节，曲筱绡为了自己的小公司跑到国外找生意。当她谈下国外的订单，国内却没有商家愿意接手，人们都在欢度春节，所有的生意仿佛都停顿下来。

生意场上不等人，今天没有厂家接手，这个订单就不存在，曲筱绡的所有努力都会化为虚无。万般无奈之下，她找到了另一位创业者王柏川。

热闹的家庭宴会上，所有的亲人欢聚一堂，王柏川接到曲筱绡从国外打来的越洋电话。起初，他很坚决地拒绝了曲筱绡的生意，理由并不是他不想赚钱，因为他在享受与家人团聚的快乐，而且他是一个普通阶层的人，他所接触的人也都在享受着节日，他觉得不会有厂家愿意接手。

曲筱绡的一句话改变了他的态度，她说：“我比你有钱，我还在努力拼搏，你凭什么安逸地享受节日呢？”

王柏川不再犹豫，他走出热闹的宴会厅，找到一个安静的角落，拿出电话本开始拨客户的号码。大多数厂家拒绝了他，但还是很佩服他做生意的韧劲，当然还是有人愿意接手这个订单。从国外延伸到国内的一条龙生意就这样成功了，给每一位付出的人带来了丰厚的利润。

后来，王柏川被朋友骗，他呕心沥血创办的小公司倒闭了。接受不了打击的王柏川自暴自弃，偿还了所有债务关闭公司后去给别人做代驾。代驾，是很多普通人都会从事的职业，并不丢人，可是对于做一笔生意都上万甚至几十万的社会精英来说，做一单只有几十块钱的生意，就是落魄的表现，认识他的人都用鄙视的眼光看着他。

机会总是留给有准备的人，曾经努力过的一切是他丰富的宝藏，也是他东山再起的资源。还是节日期间，商家急需材料，否则就无法完成合同。正在商家焦头烂额的时候，王柏川知道了这个消息，他有在节日找人接单的经验，对这个行业也非常了解。

曾经为了达到客户的要求，王柏川辗转很多家小加工厂，夜以继日地守在机器前，做出来的产品还是没有达到客户的要求。当时的失败，却让他懂得很多机械上的原理。他用自己的知识和丰富的人脉为商家出谋划策，得到了商家的认可。

当时的王柏川一无所有，没有钱，没有工人，没有办公室。商家董事会研究了王柏川的建议，确定可以解决他们的实际困难，当然难度还是有的。商家担心地问王柏川："这些零件分在几个小厂生产，一天要跑几个地方，还要关注产品的质量，你能忙得过来吗？"王柏川信心百倍地说："我可以的！只要我肯努力，一定会成功！"

王柏川努力了，成功地完成这笔合同，他也被商家聘为经理人，年薪百万。他的出身没有富二代曲筱绡好，看着曲筱绡的努力，他也不敢懈怠才会有最后的成就。

城市的夜晚，到处霓虹灯闪烁，办公楼里也是灯火辉煌，很多人羡慕那些拿着不菲的工资，开着豪车，住着豪宅，过着自己想要的生活的人，却没有看到他们努力工作时的场景。

为了一个数据，他们能够整夜不睡觉；为了一个报表，他们可以披星戴月地来到办公室里忙碌，那里仿佛是一个不眠的世界。见的世面多，比别人更努力，就一定会收获金钱和尊严。

出身比你好的人都在努力，你还敢不努力吗？努力学习，懂得更多知识，正视人生的各种难关，克服它，才能成为生活的强者，过上自己想要的生活。

坐等别人帮助，不如自己努力

古人有句金玉良言："自立者，天助之。"意思是那些靠自己努力独立做事的人，连老天都会帮助他取得成功，达到他想要的目标，完成他的梦想。那些坐在那里等着别人来帮助他们解决问题的人，心理会越来越脆弱，遇到事情只会依赖别人，靠别人的施舍与帮助过日子。直到有一天，帮助他们的人离开了，轮到他们自己做事情时，他们不想付出努力，只会怨天尤人，导致做任何事都失败，离自己的目标越来越远，只能痛苦地生活下去。

现实中，每个人都有自己的生活，羡慕别人过着风生水起的幸福日子，而自己却生活在水深火热里，等待着别人来帮助自己解决问题，把希望寄托在别人身上，梦想能过上与别人一样的幸福生活。

现实是残酷的，如果你等来的人是个损人利己的小人，他反而会落井下石，在你最需要帮助的时候踩你一脚，非但不能解决你的问题，反而雪上加霜，让你惹上更多的麻烦；如果你等来的人是一个谦谦君子，为了朋友两肋插刀，不计较自己得失，想尽办法帮助你，一次两次可以，当你习惯性地有问题就找对方时，会让人感到厌烦，最后对方只会躲着你，连朋友都做不成。

看过一个故事：当大雨降临时，某人没有带雨伞，躲在旁边的屋檐下避雨。这时，他看见观音菩萨撑着伞从面前走过。他叫住观音菩萨，说："观音菩萨，您是普度众生的神仙，现在雨下得这么大，我只能躲在屋檐下避雨，您能不能帮助我呢？"

观音停下脚步，看着屋檐下的他说："现在，我站在雨里，你躲在屋檐下，屋檐下淋不到雨，你不需要我帮你。"那人听了，立刻跳出来站在雨中，说："我现在跟您一样站在雨里，您可以帮助我了吧？"

观音笑笑说："现在我们俩都站在雨里，我没有被雨淋着，是因为我有雨伞，你淋着雨，是因为你没有雨伞。现在不是我帮我自己，而是雨伞在帮我，所以你不应该找我帮你，你应该去找一把雨伞帮你。"说完，观音撑着雨伞离去。那人站在雨里看着观音的背影若有所悟。

过了几天，那人在生活里遇到解决不了的难事，去观音庙求观音帮忙。当他走进观音庙时，看到大殿的观音像前面有一个人在跪拜，好像是观音本人。他走上前，奇怪地问："您是观音吗？"

对方抬起头回答道："是啊，我是观音。"那人好奇地继续问："您是观音干吗还要拜观音呢？您不是在拜自己吗？"观音笑着回答道："我也会遇到解决不了的问题啊，可是我知道，求助别人，等待别人来帮我解决问题，不如求助我自己，只有通过自己的努力才能真正解决问题。求人不如求己！”

那人顿悟转身离去，从此他遇到事情都靠自己的努力去解决问题，过上了幸福的生活。

还有一则故事：宋代金山寺有位佛印大师与当时的大学士苏东坡是好朋友。有一天，他们相约去郊外游玩，看到路边有一座观音石像，佛印大师立刻走上前，双掌合十参拜。

苏东坡无聊地站在旁边细看观音石像，等着佛印大师完成参拜。很快他就问佛印：“为什么观音菩萨的手上拿着一串念珠，好像合掌念佛似的，他在念谁呢？”

佛印大师结束自己的参拜，回头答道：“这个要问你自己了。”苏东坡奇怪地说：“我怎么知道观音在念谁呢？”佛印大师说：“求人不如求己！”

观音合掌的意思是告诉众人：念观音，求观音，不如自己做个观世音。

每个人的命运都掌握在自己手里，只有靠自己的努力排除万难，才能在残酷的竞争中占据主动地位，以免受制于人。求人不如求己，遇到事情要先问自己能否解决，然后通过自己的努力去解决问题。只有承认自己的力量，发挥自己的能力，做自己的救世主，用自己的力量与智慧，脚踏实地努力奋斗，才能发挥出自己的潜力，创造出生命的奇迹。

“中国现代数学之父”华罗庚童年时期，家里非常贫穷，父亲在镇上开了家小杂货铺，一家人过着半饥不饱的生活。上了初中的华罗庚对数学产生了浓厚的兴趣，但是读完初中后，家里实在没有能力供他进入高一级学府，他只能离开学校到父亲的小杂货铺里帮忙。

华罗庚的人虽然站在柜台前，心里还在琢磨着那些让他着迷的数学题目。他的数学老师见他这么喜欢数学，可是又没有能力帮助他继续学业，只好借给他几本数学教材，供他自学。后来，华罗庚凭借自己的努力，靠着这几位不会说话的“老师”，在一所中学里当了一名会计且兼管学校事务。

学校事务琐碎而繁重，他每天早晚还得打理家里的小杂货铺，解决温饱问题。整理好杂货铺的账目后，他才有时间钻研自己喜爱的数学，一直到深夜。

俗话说：“福无双至，祸不单行。”当时小县城里流行伤寒病，华罗庚也被传染上，只能卧床休息。痛苦挣扎半年后，他的病才慢慢好起来，却落了个跛足的终身残疾。

贫病交加的生活没有磨灭他的斗志，也没有让他放弃对数学的热爱。他没有向任何人求助，他知道，很多问题只有靠自己的努力才能解决。

华罗庚读了很多书，勤于独立思考问题，不被权威人士的理论吓倒，敢于用自己的知识向权威们进行挑战，维护知识的正确性。他连续在杂志上发表了几篇数学论文，引起了清华大学数学系主任熊教授的关注。当熊教授知道这个数学奇才是一个只读过初中的年轻人时，非常震惊，盛情邀请华罗庚到清华大学数学系当管理员。

知识的大门向华罗庚打开了，进入清华大学后，他没有停滞不前，而是付出更多的努力学习更多的知识。他自学了英语、德语，24 岁时就可以熟练地用英语写数学论文，引起国外数学界的关注。28 岁时，他成为西南联大的教授，被学校推荐到英国剑桥大学深造。

华罗庚通过自己的努力，解决一个个困难，走过坎坷的自学之路，走出小县城，进入高级学府，最终成为世界级的数学大师。

贫穷不可怕，疾病也不可怕，没有自立的精神才是最可怕的。虽然说一个人的力量是有限的，经常会力不能及，可以向别人求助，但最后还是要靠自己的努力才能走上人生的高峰，达到自己既定的目标。如果做事总觉得自己不行，事事都想找别人帮忙，最终将不能摆脱贫困，在痛苦中纠结。

“求人不如求己”，把被动变成主动，把希望寄托在自己身上，通过自己的努力达到目标才是最可靠、最有利的成功法则，人生的路只有靠自己的力量才能走得更远。当我们用羡慕的眼光看着别人的成功，其实我们看到的是别人努力的结果，想成为成功者，我们不能坐等别人来帮助我们解决问题，而要靠自己的努力，坚持不懈地朝着目标奋斗。

世界不曾亏欠每一个奋斗的人

“我没有想嫁入豪门，我就是豪门！”这是当红女明星范冰冰获得东京国际电影节最佳女演员时，在庆功宴上说出来的话，广为流传。说起范冰冰，人们总会想起她在《还珠格格》里面饰演的丫鬟金锁，演得太深入人心，让人们记忆深刻，后来她演了很多部影片也没有摆脱丫鬟的阴影。

范冰冰没有气馁，在这个只看结果不看过程的年代，她用自己的努力交出一摞人生履历，让人们慢慢地记住了这个百变女明星。有人说范冰冰在媒体的曝光率很高，却很少有代表作，但是她没有停止前进的脚步，而是继续不停地努力拍片，创造出一个个让人惊艳的角色。

戛纳电影节开幕式上，范冰冰一袭紧身的龙袍出现在红地毯上，引起人们的赞叹。这件龙袍出自范冰冰的创意，图案选择了在中国传统里代表男性的龙，而不是代表女性的凤，体现出她骨子里的倔强和霸气。她遇到任何困难都不退缩，兢兢业业地努力做着自己的事，演着自己的作品。

闪光灯下，把龙袍穿到了电影节开幕式的红地毯上，显得霸气十足的范冰冰叉着腰，旋转，脸上露出在背后演练过上千次的完美笑容，惊艳了全世界，成为美艳的中国文化代言人。

当范冰冰穿着具有民族特色的礼服行走在世界各地的红地毯上时，富二代王思聪在公开场合讽刺她是“毯星”，而她淡淡地回应道：“你找你的爸，我干我的活。”她努力做着自己的事，慢慢壮大自己，不畏惧任何强权，努力做自己的“豪门”。

从初出茅庐时开始，每年她都会有电视剧和电影作品在荧幕上出现，每年的颁奖典礼都少不了她的踪影，总会带给人们不一样的视觉感受，引起人们的赞叹。

范冰冰在她 36 岁生日当天接受娱乐圈另一位风评很好的男明星李晨的求婚，两人从公布恋情开始，一直生活在人们的视线里。英姿飒爽的豪门“范爷”站在有“大黑牛”之称的李晨身边，散发出一种可爱小女人的气质。她用自己的努力得到众人的认可，也收获了属于她的爱情果实。

近些年，娱乐圈很多知名女星嫁得很晚，有些等到 40 岁才结婚，例如舒淇、林心如等。如果她们愿意，可以随时找一个优秀的男人结婚，可是她们宁缺毋滥，她们相信属于她们的真爱会在不远处等着她们。在等待的过程里，她们没有停止努力的脚步，不断提升自己的能力，用最好的状态去迎接爱情的到来。

20 岁时她们刚出名，再用近 20 年的努力建立自己的事业，给自己信心，完善自己的人生观和婚姻观。过去的岁月她们并没有虚度，在她们的努力下对婚姻、家庭、事业都有了更多的选择权。对于她们来说，爱情只是锦上添花，她们想爱谁就爱谁，想过什么样的生活就过什么样的生活。

现实中有很多人对生活没有自主选择权，因为他们在该努力的时刻选择了安逸，最终他们会看到生活的本质是残酷的，他们已经没有改变的能力，只能逆来顺受。

小区里有一户人家，半夜里经常会传出争吵声和打骂声，惊扰附近的居民。有时候是玻璃破碎的响声，有时候是一个女人悲惨的哭声，听得人们都起鸡皮疙瘩。

这户人家在小区里出了名，男主人经常打老婆，对老婆实行家暴。刚开始左邻右舍听到动静还会想办法帮助那个可怜的女人，敲门进去劝阻，但是时间长了，家暴依然存在，人们也就习以为常，没有人再去管。

不是人们缺乏同情心，不愿意去管，而是那位被打的女人不让他们管，别人的好心被她当成驴肝肺。人们给予她的帮助就像拳头打出去很用力，却打在了棉花上，无处着力。

知道内情的人告诉大家，被打的女人结婚前一直没有稳定的工作，相亲也是高不成低不就，拖成了大龄“剩女”。眼看着同龄人都结婚生子，家里人为她着急，催她找个合适的人就嫁了，于是她就认识了现在的老公。

男人家里有钱，女人觉得自己老大不小了，对方不嫌弃她就不错了，就在了解不深的情况下匆忙把自己嫁了出去。婚后她生了一个女儿，在男方的要求下准备怀二胎。

有朋友劝她："这样打下去怎么行啊，哪天你真的被他打死了怎么办？还是离婚吧。"她摇摇头，无奈地说："不能离啊，我都快四十岁的人了，还带着一个孩子，离了婚怎么活下去？我又不会工作，只能忍，多忍忍，一辈子很快就过去了。"

经济能力不足的人，无法实现自己在生活中的自我价值，只能向现实妥协，甚至连离婚的能力都没有，因为她一无所有。现实生活里，她根本没有选择的权利，她也不愿意通过自己的努力去改变这一切，只想逆来顺受，痛苦地过下去。

热播电视剧《我的前半生》中的女主角罗子君，就是一个把家当成自己舞台的女人，在别人眼中，她只会逛商场，去美容院，没有自己的工作和收入，靠丈夫养着。

疲惫的工作让女主角的丈夫有了外遇，找到一个温柔的职场女性来抚慰他辛苦的灵魂。小三为了生活在职场拼搏，懂得有钱男人的好处，女主角的丈夫有钱又老实，成为她的目标。在小三的努力下，女主角的丈夫心中的天平慢慢地倾斜，虽然他不想离婚，可是禁不住小三的温柔攻势，终于提出离婚。

安逸的生活瓦解了女主角的斗志，作为名牌大学毕业生的她曾经也是社会上的佼佼者，为了爱情她抛弃了一切，在老公的要求下，辞去工作，专心在家里相夫教子。她的好友提醒过她，安于现状会让她失去很多，可是她更愿意相信自己的爱人，最终现实给了她一记响亮的耳光。

一边是小三的努力进攻，一边是女主角的安逸享受，胜败立分，夫妻两人离婚，毫无过错的女主角离开安逸舒适的家，带着孩子租住公寓。眼泪带不来金钱，悔恨也无法让她的生活舒适，只有努力改变才能够让她重新找回属于她的尊严。

女主角离开职场多年，快 40 岁的年纪重新进入，一切都跟以前不一样了。但是她没有气馁，靠着自己的努力找到工作，夜以继日地努力学习工作上的各种知识，付出比别人更多的心血。

现实是残酷的，聪慧的女主角被上级领导欺凌，幸好遇到路见不平的男主角，也是她好友的男朋友，出面为她解决了难题，并给她提供了更多的就业机会。

故事的结局有点不完美，但是女主角通过自己的努力过上了自己想要的生活，在职场上占领了一席之地，甚至凌驾于前夫之上，让小三望而生畏。当生活回归平常，没有了偷情的快感时，前夫认清了小三的真面目，后悔莫及，他只能远远地看着女主角，默默地帮助她。

面对男神的追求，女主角选择了拒绝，她可以自主选择让自己快乐的人生之路，因为她的未来掌握在她自己的手里。

人们在家庭或者工作中的地位以及话语权取决于他们的经济能力和社会地位，当努力到一定程度，收获到自己想要的成就，才可以自主地支配自己的命运。

天上真的会掉馅饼吗?

微信朋友圈最近有段文字转载的人很多："小时候骑个小破自行车，吃咸菜、白萝卜，看着有钱人开着小汽车，吃着肉、喝着酒，羡慕死了！等到我长大后拼命挣钱，终于可以开着小汽车，吃着肉、喝着酒。回头看看，有钱人又骑着自行车，不吃肉也不喝酒，吃着小时候家里喂猪的野菜！"后面跟着五花八门的评论，大多数人戏称："问有钱人能不能提前通知我们一声，这样我们就可以不用辛苦挣钱，站在原地等就可以。"

人们看着有钱人的生活，以为很轻松，就像天上掉馅饼一样，只要在下面等着接就有了，却没有意识到这个先后顺序有着本质上的区别。

如今，有钱人骑着自行车吃素菜那是因为他们意识到健康的重要性，为了保证自己的生活质量和身体，选择的一种健康的生活方式。但是普通人要明白的是有钱人今天骑自行车吃素，也可以随时开着小车去吃山珍海味。他们努力挣钱给他们提供可以主动选择的权利，而不是像普通人那样，被动地做出选择。同样吃素菜，普通人经常吃，是因为他们没有多余的钱去买大鱼大肉，是生活选择他们，而不是他们选择生活。

追求自由的人生，就要付出相应的代价，需要坚持不懈地努力向着目标前进，吃比别人更多的苦才可以得到更多，才可以主动地选择自己想要的生活，在别人要求你做事的时候拒绝对方。因为你有选择和拒绝的权利，你可以告诉对方，你有能力拥有自己的个性。

大学毕业后，王小漠应聘到一家翻译社工作，她的顶头上司是一位气质优雅的知性女人。女上司每天上班都穿着得体的职业装，踩着高跟鞋，妆容精致。上班时，当她对着王小漠微微一笑，让王小漠感觉整个办公室都明媚起来。工作时，女上司的气场也非常强大，浑身上下散发着女王的气息，果断地做着各项决策，把事情安排得井井有条，让翻译社的业务蒸蒸日上。

刚参加工作的王小漠遇到自己生命中一道最难过的坎，她的男朋友跟她分手，毫不留恋他们四年的感情，决绝地离开这个城市奔向他的人生目标。王小漠舍不得，可是她无力去阻拦。工作之余，她控制不了自己的悲伤情绪，一个人坐在公司的楼道里暗暗流泪。

突然，有人从旁边递给她一张打开的纸巾，散发着淡淡的幽香。王小漠抬起头，看到女上司站在她的身边。女上司温柔地问她：“怎么了？”王小漠没好意思说出口，眼泪不停地流着，那害羞又悲伤的样子很快就让女上司猜出来了。女上司说：“是不是失恋了？”

王小漠点了点头，悲伤还在继续，可是除了哭，她不知道自己还能做些什么才能减少悲痛，好像只能用泪水才能冲淡心中的痛苦。

女上司在冰凉的台阶上坐了下来，搂住王小漠因为悲伤而颤抖的肩膀，温和地说：“不就是失恋吗？这时候除了哭，你还有很多事可以去做。你应该努力工作，努力挣钱，把自己的生活过好了，眼界高了，你就会懂得爱情并不是人生的唯一。”

看着坐在楼梯上依然优雅知性的女上司，王小漠忘记了自己的悲伤，听着女上司淡淡地说着陈年往事，那是她的亲身经历。

冬天，女上司没日没夜地为出国留学而努力学习，希望能考上理想中的学校。她的家庭并不富裕，可是父母对她百般疼爱，支持她的每一个梦想，她也用自己刻苦学习取得的优秀成绩回报他们。

可灾难总是在不经意间摧毁人们的意志，女上司的父亲在一次不舒服被送到医院时，检查出癌症，她的家崩溃了。晚上，她静静地站在父亲的病房外，不停地流泪。她知道自己会放弃出国留学的机会，用家里的所有积蓄给父亲治疗，她的泪水是跟自己的梦想告别。

手术、化疗、住院，很快家里的积蓄都花完了，母亲把唯一的房子也抵押出去，能借的亲戚朋友都借遍了，欠了一屁股债。但是父亲的病情并没有好转，一天比一天严重，终于在一个初春的夜晚离开了她们。

女上司蹲在父亲离去的病床前痛哭不止，惨白的灯光照在她瘦弱的身体上，显得孤独而无助。当她抬头看着站在病床前的母亲，佝偻着身躯，苍老的脸庞，一双无神的眼睛傻傻地看着病床上已经离世的丈夫，突然发现母亲的双鬓已经斑白。她告诉自己，父亲已经不在了，她需要赶快长大，有能力照顾自己日渐衰老的母亲。

女上司谈过一场惊心动魄的恋爱，他们从学校相恋，一起走进社会，进入公司上班。她的家庭因为父亲的一场病所剩无几，还欠了很多外债，她住在男友家里。一次和男友为了生活的琐碎小事吵架，男友愤怒地冲她喊道:“滚！”她一气之下拿着行李离开男友家，男友也没有追过来，更没有打电话关心他。

当她走进寒风里才发现自己无处可去，去母亲的出租屋会给母亲带来更多的悲伤。她拖着自己的行李箱走在冬季的街道上，路灯或明或暗地把她孤单的身影拉长又缩短。那一夜，她懂得一切只能靠自己，天上不会掉馅饼，她只有靠自己努力才可以赚到钱，才可以创建一个属于她自己的家，才可以让她爱的人有一个温暖又独立的家。

从此以后，她拼命工作，业余时间做兼职给别人翻译资料，只要能挣到钱的工作她都去做，她暂时放下了爱情，她知道必须先使自己强大起来，会有更好的那个他在远方等着她。

成功总是偏爱那些不停努力的人，很快，女上司就攒够一套房子的首付，买了房，把母亲接了过来，有了一个安稳的家。她开始寻找自己的爱情，对于爱情她是这样要求的：你给我爱情就好，面包我自己会买。

三十岁那年，女上司还清了房贷，这时她决定完成她的梦想——出国留学。当年如果不是因为父亲的病，她早就出去了。

打拼了这么多年，她好不容易有了辉煌的成就并且做到公司经理人的位置，朋友们都劝她："如果你现在离开，你的职位就会被别人占领，等你回来后就得从头再来。"

想到自己的梦想，她不甘心，现在她有了足够的实力和金钱去支撑自己完成梦想，她决定去追寻梦想，寻找更好的自己。

在国外的生活虽然非常辛苦，可是她过得很充实。白天去课堂上课，晚上通过网络做国内传来的翻译工作。节假日，她会满世界地飞，开阔自己的视野，近距离接触外面更广阔的世界。

学成回国后，她成立了自己的翻译社，没有太多压力，做着自己喜欢的事，每一天都洋溢着幸福的气息。这就是她向往的生活，通过她的努力，她终于活成了自己想要的样子。

女上司缓缓地站起身，拉起停止悲伤的王小漠说："努力工作吧，挣得更多的钱，懂得更多的知识，你才有选择的权利，才能够得到更多你想要的东西，包括爱情。擦干眼泪，你流再多的眼泪都没有用，你爱的人不会因为你的眼泪回来。你只有不断地变强，再强，更强，才能在命运的悲痛来临之际，保护好自己和自己爱的人，不值得为不爱你的人掉眼泪。”

王小漠跟在女上司后面走出楼道，看着她踩着高跟鞋嗒嗒地走远，那种由内而外的自信让王小漠羡慕，她暗暗地给自己加油，擦干眼泪走回工作岗位走上新的开始。

不要把自己的平庸归咎于事情的琐碎和困难，天上的馅饼只会落入有准备的人怀里，只有付出努力，下一刻，你的生活才会发生变化，继续努力才可以得到更多你想要的东西。

第二章

别让一成不变的稳定浪费我们的生命

任何人都应该适当地给自己增加一点压力，跳脱生活的“舒服区”，

想起自己的初心，做些自己梦寐以求却迟迟没有动手去做的事情。

舒适的生活只能让你放弃自己

暑假开始，鹏宝宝开始学习跆拳道。上课时，一大帮子年龄差不多的孩子在教练的指导下做着各种动作，半玩半学的教学让鹏宝宝很感兴趣，可是下课后，教练布置的家庭作业让他犯了愁，虽然只是简单的蹲马步动作。

说起来简单，做起来不容易，因为要蹲上五分钟。刚开始蹲的时候他还觉得有趣，一分钟以后，他的小身体开始左右晃悠，三分钟没到，就喊："腿麻了！"然后摇摇晃晃地站了起来。我陪在旁边告诉他："只有坚持蹲马步，两条腿才会变得有力量，别人轻易推不动你，你就会变得很厉害。"

他半信半疑地蹲下去，可是一分钟不到，他又站起来喊道："妈妈，腿很酸，我蹲不了！"我鼓励他道："宝宝很厉害，可以坚持住的，你觉得酸，别的小朋友也会觉得酸，也许他们会站起来，谁坚持的时间长，就可以变得比别的孩子更厉害。你难道不想比别的小朋友更厉害吗？"

鹏宝宝点点头，又蹲了下去。我继续说："我们刚开始蹲 2 分钟，下次增加到 3 分钟，只要最后达到教练要求的 5 分钟，宝宝就会成为最厉害的学生。只要你努力，就算是进步很慢也没有关系，但是如果不去努力，就不可能有进步。”

在我的循循诱导下，他蹲马步的时间越来越长，走路也越来越稳，普通的小朋友都无法轻易地推动他。当他受到教练的表扬后，兴奋得两只眼睛都闪出光彩，练功的劲头更足了。他明白只要自己努力去做，就可以克服困难，达到自己的目标，还能获得满满的自信心和成就感。

任何人都应该适当地给自己增加一点压力，跳脱生活的“舒服区”，想起自己的初心，做些自己梦寐以求却迟迟没有动手去做的事情。太多人一边羡慕别人的功成名就、金银满屋，一边给自己的碌碌无为、不思进取找各种借口。

流行一时的歌曲《真心英雄》里面有这么一句歌词：“不经历风雨，怎么见彩虹，没有人能随随便便成功。”不对自己狠一点，努力去为自己的理想而奋斗，总是怕辛苦，躺在安逸的温床上给自己找各种借口，最终将一事无成。

生活是公平的，今天不努力，明天也不可能有收获。生活不会敷衍每一个努力进取的人，更不会把成功给予那些满足现状、不愿付出又满嘴借口的人。

王霏霏初中时学习并不努力，但成绩却是班级前几名，一路顺风顺水地考上高中。高中时，她突然感觉到莫名的压力，学校里很多学生不努力学习，但是王霏霏知道，如果她没有出类拔萃的成绩就无法考上梦想中的大学，她告诉自己要努力学习。

想到就要去做到。每天早晨，窗外刚显露出些许白光，天地间一片迷蒙，别的同学们还沉浸在香甜的梦乡里，她就离开温暖的被窝，去教室早自习；晚上同学们都休息了，宿舍的灯也关了，她就用手机的灯光在被窝里看书解题；节假日，同学们相约着一起去游玩，她却留在宿舍里，用更多的精力和时间努力学习。

努力的结果让王霏霏的成绩在高中三年里拿过两次第一名，其中一次就是高考，她以优异的成绩考上了理想的大学。而这一路走来的艰辛她深有体会，对自己充满感激和钦佩。当别的同学安逸地享受着高中生活时，她在努力奋斗，看着别的同学羡慕的眼神，她明白自己的命运是靠自己的努力才能够改变的。

进入大学校园以后，王霏霏没有停止前进的步伐，给自己设定了一个新的目标：成为一名作家，做与文字有关的工作。当别的同学花前月下地享受大学爱情时，她经常去的地方是学校的图书馆，在那里查阅各种资料。回到寝室后，她用笔记本电脑写各类稿子，双手飞快地在键盘上敲打出文字，感觉手都要抽筋了，发出去的稿件却如泥牛入海，杳无踪迹。

她也能够接到编辑反馈的邮件，多数是鼓励的语句，能够上刊的基本没有。可是她没有气馁，也没有放弃，更没有像别的同学那样放任自己去享受轻松的大学生活。她明白，大学就像一个分水岭，她现在的努力肯定在不久的将来会有收获，她继续写自己的稿件，然后投出去。

毕业后，凭着大学文凭很容易就能够找到一份安逸的办公室工作，但这不是她的理想，她想尽一切办法进入杂志社实习，放弃安逸的文员、策划之类的工作。同学们大都有三千多元的月薪，而她只是一名实习生，做着杂志社的一些琐碎的杂事，还要救场般的写各类小稿，却拿着可怜的实习工资。生活的困难并没有让她退缩，她觉得自己已经站在梦想的门槛上，只要她付出更多的努力，就能够到达梦想的彼岸。

过了几年，当同学们在文员的岗位上抱怨着生活的无趣、日子的枯燥时，王霏霏通过自己的努力成为杂志社的主编，实现了自己的梦想，还赢得了同学们羡慕的眼光。她有自由的工作环境，每天接触新鲜的事物，还可以游走在世界各地接触各类人物。当她的微信朋友圈里发出她在各地的照片时，总能得到同学们的点赞，她通过自己的努力成功了。

舒适的生活会让人失去斗志，使人堕落，成为生活的蛀虫。但是舒适的生活不会永远存在，人生总是会经历各种风浪，永远的舒适只能存在于人的想象里，是一个美丽的梦。舒适的生活会让人越来越懒惰，就算明白事情不对也不去深究，最终让自己的生活越来越糜烂，发出臭味，不得不再次进入现实，可是习惯性懒惰会让享受惯舒适的人无所适从。

人有时候很奇怪，遇到压力后能产生无穷大的潜力。舒适的生活让人不思进取，明知舒适的生活不会永远存在，但还是放任自己享受舒适，即使堕落，也希望能够维持现状。就算是什么都不用付出，就可以保持舒适的生活，时间久了也会让人觉得生活太枯燥，对生活失去激情。

躺在床上是很舒服，可是躺久了就会觉得腰酸背痛，想站起来走一走；与枯燥的学习相比，看小说是很有趣，很快几个小时就过去了，可头脑里还是一片空白；爬山很累，坐在山脚下舒适的地方，等待着朋友们从山上下来最舒服。

遇到困难和麻烦就想放弃，给自己提供一个舒适的环境，安慰自己："这才是我想要过的生活。"可是不看书，你就无法懂得更多知识，会被社会淘汰；爬不到山顶，你就无法领略山顶的风景和爬山的乐趣。所以请离开人生的"舒服区"，向着自己的梦想努力前进。

明确目标，不留退路，才有活路

不给自己留退路，其实是对人性的一种考验。人的本性中就有懒惰的因素存在，面对事物会产生各种欲望，经常抵挡不了现实的诱惑，停下向着目标前进的步伐，走上退路。当他们安于现状，在平庸的生活中度过平凡的一生时，回头想想，自己曾经也有过梦想，曾经也为自己的梦想努力过。

安逸的生活让人们贪图享乐，不思进取，很多时候有压力才会有动力。人们在向着目标前进时，只有切断一切退路只管往前冲，才能全神贯注、心无旁骛地追寻自己的目标，才能排除万难，直达目标完成自己的梦想。

玲玲历尽千辛万苦终于到达自己理想的彼岸，来到美丽的加拿大留学，可是这让外人羡慕的留学生活却带给她深深的悲伤。在离家十万八千里的异国他乡，玲玲没有熟悉的朋友，前两天她发烧晕倒在宿舍里，打开手机却不知道可以打电话给谁，眼泪唰唰唰地流着。生活还要继续，她必须站起来。她扶着旁边的桌椅慢慢地站起来，小心地踱到狭小的厨房里给自己弄些吃的。

玲玲吃不习惯国外的面包、比萨，总是饥一顿饱一顿地坚持着。

她没有时间给自己做可口的饭菜，国外超市里面的菜只是形状像，做出来味道跟国内的完全不一样，她只能凑合着吃。看着家乡的朋友们发在朋友圈的美食，她非常羡慕。她对自己说：“总有一天，我学成回国，一定可以吃到更多的美食。”

朋友圈中，玲玲的每一张在国外生活、学习的照片都会引来朋友们的点赞。其实孤独寂寞的她很想家，想亲人朋友，但是她不敢说也不能说。父母用尽所有的积蓄供她出国留学，等着她学成归国后能做她理想中的工作，过上她想要的生活。想到父母欣慰的表情，想到回国后的光明前景，玲玲觉得一切辛苦都值得。

出国留学是很多人的梦想，但是大多数人却无法成行，人们羡慕玲玲可以留学，可是人们看不到她独自在异国他乡的艰辛。留学国外不仅有饮食上的不习惯，有些外国人还会歧视中国人，这是人类特有的排他性。但是站在别人的国土上，身单力薄的留学生们只能按捺住自己的脾气，微笑着保持冷静，宣扬大国的气度，不跟他们一般见识。

初到加拿大的时候，玲玲一感到孤独就会打电话跟家里人诉苦。可是她醒着的时候，父母那边正是半夜三更。老两口一起劝慰着她，三人能一直说到这边天亮，而玲玲那边天黑。

玲玲一觉醒来，拿起手机看到与父母组建的三人微信群里，父母不停发来关心的话语，感觉到家人的温暖，玲玲的眼泪掉了下来。

她知道父母一夜没睡，白天也想着她。

母亲告诉她受不了就回家，家永远是她温暖的窝，等着她回来，就算没有工作也没关系，父母会养着她。父亲恨不得马上飞到她的身边帮她解决问题，但那是国外，去一趟不仅手续麻烦，金钱上的花费也很大，也无法解决女儿的实际问题。

玲玲知道自己回不去，也知道父母无法来陪她，成长就是要学会独立生活，有任何痛苦，只能自己承受，有困难也只能自己想办法解决，跟别人诉苦只会给自己增加不必要的麻烦。家暂时回不去，退路没有了，她只能在这里努力学习，靠自己的力量实现自己的梦想。

周末，玲玲去图书馆里看书背单词，扩大自己的知识面。她在朋友的指点下参加了同学会，结识了来自家乡的朋友，相似的经历，相同的境地，让他们互相倾诉着思乡之情，他们谈论更多的是对未来的向往。放假时，大家一起打工，用自己挣的钱四处旅游。世界很大，既然走出来，就好好看看，开阔自己的眼界，把留学生活过得滋润起来。

留学国外的玲玲没有退路，流泪和倾诉都无法解决她的问题。既然躲不掉又没有退路可走，就勇敢地迎上去，努力给自己找一条阳光大道，过上让人羡慕的留学生活。不放弃，让这条留学之路走得更有价值，让自己的人生多彩、快乐又充实。

春秋时期著名的军事家、政治家，被人们尊称为“兵圣”的孙子，在他的《孙子兵法》里面有句话“投之亡地然后存，陷之死地然后生”，意思是人到了绝境才会想办法生存，陷入死亡的境地才会奋力抗争，也就是俗话说的“置之死地而后生”。历史上两军交战时，有些战役会用到这个兵法，最著名的是“巨鹿之战”。

秦朝末年天下大乱，公元前 207 年，楚霸王项羽率领 5 万楚军及诸侯联军数十万，同秦朝将领章邯、王离率领的 40 万秦军在巨鹿进行了一场历史性的战役，是史上著名的以少胜多的战役之一。

项羽派遣两万人渡过黄河，切断秦军运粮的通道，然后率领全部楚军渡河。过了河，他下令全体将士把船全部弄沉，把锅碗全部砸破，把帐篷全部烧毁。每个人只留三天的口粮，包括他自己。他们准备和人数比他们多几倍的秦军决一死战，所以切断一切退路，只能往前冲。

项羽部队用破釜沉舟的决绝精神，打得秦军闻风丧胆，只想逃跑，剩下的 20 万秦军直接投降。这一战项羽获得全面胜利，成了各路诸侯的领导人，秦朝也名存实亡。

带兵打仗最能体现“不留退路，才有活路”这句至理名言的精髓。断了退路，就切断了士兵们逃跑的念头，后退只有死，不如奋勇向前冲，还能求个活路。打起仗来没有杂念，才能取得最后的胜利。秦军人数众多，打不过就可以逃跑，一旦有了逃跑的念头，这仗打起来肯定输多赢少。

生活中经常会遇到这样的情况，虽然没到你死我活的地步，但因为有退路，就不愿意辛苦地向前完成自己既定的目标。

找工作时，肯定有很多人争取稳定高薪的工作，更多人退而求其次找个差点的。虽然他们努力一下就可以成功，只是因为有一条退路，有另一份工作等着他们，他们便退缩了。就算另一份工作不是很好，但是他们害怕失败，不想付出太多的努力。

学技术也是这样。人们知道多掌握一项技术就可以增加就业的概率，得到更高的收入。但是很多人学了一半感觉辛苦，就不想继续学下去，看别的技术挺简单，比现在的容易，就去学另一项，最后一事无成，学什么都无法长久。

因为有退路，当我们遇到困难时就会选择放弃，用退路堵死自己前进的路。反观成功者都有一股勇往直前的狠劲，不在权衡和思考中浪费时间和精力，最终取得了连他们自己也没料到的辉煌成就。

世界成功学鼻祖拿破仑·希尔曾经提出一个成功学理念“过桥抽板”，跟项羽的“破釜沉舟”有异曲同工之妙。“过桥抽板”的意思是过了桥把板子抽掉，这样就回不去，只能继续向前。人们在做一件不容易成功的事情时，最好切断自己的退路，这样才能激发人们的潜能，调动所有的激情，义无反顾地勇往直前，坚持到底才会有意想不到的收获。

1803 年，法国作家雨果与出版商签订了出版合约，半年内要交一部作品。但他总会跟朋友们一起外出游玩，时间都浪费在空虚的聊天上了。时间一天天过去，可是雨果什么都没有写，他无法控制自己的行为，每当朋友招呼，他就不由自主地穿起漂亮的外衣跟着一起出游。

后来，他想到一个办法，把除了身上穿的不适宜见客的但能保暖的衣服留着，别的衣服全部锁进柜子里，把钥匙扔到门前的湖里。有朋友来喊他，他想出去却拿不出外出的衣服，就彻底断绝了出去的念头，坐在书桌前专心写作。他写出的这部作品就是后来闻名世界的文学名著《巴黎圣母院》。

在漫长的人生中，给自己留退路，只是给自己找个偷懒的借口，放任自己的惰性，放弃自己的梦想。想成功就要付出一定的努力，不给自己留退路，才能赢得活路，获取自己意想不到的成功。

对自己狠一点，离成功近一点

现实社会里职业的贵贱不重要，聪明还是愚蠢也不是问题，关键是能不能对自己狠一点，只有把精力用在实处、狠在点子上，才能获得自己想要的成功。一个成功人士，心怀大志就不会是懒人，他们会从最小的一件事做起，在每一个细节上严格要求自己，以便积蓄力量突破自己的“小宇宙”，发挥出非凡的能力。

《隋唐演义》中的程咬金是一个武功平平、头脑简单的武将。虽然他不聪明，可是他对自己狠，肯下功夫去练习。程咬金最出名的地方是他在战场上的“三板斧”。三板斧是古代长兵器的一种，又名“马战斧”。

程咬金的记性不太好，每次对战时都会先说出自己下一招的名字，可是对方依然躲不过去。程咬金只有三招，但是里面的变化繁多，他用起来又拼命，配以他力大无穷的臂力，让对手无法招架，从而方寸大乱，仓皇躲避或者毙命斧下。

最终，程咬金在战场上把他的三板斧挥得出神入化，成为一员大将，被唐王李世民封为“卢国公”。

这个世界信奉的是丛林法则，优胜劣汰、弱肉强食的规律，若不对自己狠一点，就会被别人踩在脚底下，沦为别人往上攀登的垫脚石。想成为强者，就要对自己狠一点，坚持自己的立场，在实力、智慧、手段上赢得对方，用事实告诉对方：我是强者！

现实生活中，大多数人都是普通人，没有特殊的背景，没有可以帮助我们的贵人，没有高于常人的学历，但是这些都不能成为我们遇到困难就退缩的借口。只要舍得对自己狠一点，不让自己找借口退缩，那我们离成功就不远了。

电视台主持人马松是一个山里娃，他从电视里看到外面精彩的世界，非常羡慕那些英姿飒爽的主持人，他有了一个梦想，要当一名优秀的主持人，成为一个光芒四射的明星。

马松从小就长得比较帅气，是村里远近有名的小帅哥，别人的赞扬更增强了他当主持人的决心。在他看来，主持人只要会跳舞，能唱歌，长得好看就可以了。可是当 13 岁的马松第一次走进县级电视台，站到镁光灯下，他才发现现实并不是他想象的那样美好，屏幕前的风光是幕后工作人员用无数汗水和泪水浸泡出来的。

马松通过自己的努力在县级电视台里有了一档由他自己制作主持的电视节目。电视台主持人的工作并不像他想象中那么简单，每天有大量的工作任务，付出很多的汗水，一切都要靠自己策划、制作，却没有任何酬劳可拿。

朋友们劝他以学业为重，马松也在跟自己做斗争，他问自己是不是应该以学业为主，在校园里努力学习，等最终分配到电视台，就能拿着高额的薪金做着体面的工作。像现在这样，累得满头汗水，付出艰辛的劳动却没有丰厚的回报，又耽误学校的学习，自己也很辛苦。

马松努力在学业和节目之间寻找平衡点，使他既不耽误学习又让节目正常播放。通过一番努力，在别人看来不可能的事，马松做到了，他只能对自己狠一点，付出比普通人更多的努力，才能让这个平衡点发挥作用。

经过现实的磨砺，他变得更加坚强，辛苦的工作让他学会很多书本上学不到的知识，让他对自己未来的道路有了明确的方向。

俊朗的外表，妙语连珠的谈吐让他在当地传媒界闯出一番天地，得到广告商的青睐。广告的播出让他对表演产生了浓厚的兴趣。他给自己制定了新的目标：去当演员。

家人朋友都劝他：“你还在上学，主持事业刚有点起色，在周围也小有名气，这个时候放弃太可惜了。”可是马松想当演员的决心没有动摇，他四处打听招募演员的消息，终于在一个节目组里争取到一个只有 30 秒戏份的无名小角色。

这次临时演员的经历让他了解到演戏是一件辛苦的事，但是他欲罢不能，还是想演戏。影视公司在马松朋友的介绍下看了他那 30 秒的表演，觉得他很适合在另一部剧中饰演中学生的角色，于是一个电话，马松就从北京赶到西安进入剧组，开始他艰难的演艺生涯。

因为他演的只是一个小角色，在剧组中，他的事情只有他自己打理，还要背台词，不能有丝毫的差错影响其他人。马松非常珍惜这次机会，每天顶着烈日进入拍摄现场，再精疲力竭地回到驻地。这样的经历对于一个只读初中的孩子来说很辛苦，但马松无怨无悔地承受着，也让他感悟到想要成功必须付出的艰辛。

马松说："我选择了自己的人生，就会义无反顾地走下去，不管前路如何，无论什么结果，我都会坦然接受。"

通往成功的路上不会只有鲜花和掌声，更多的是失败和打击，困难和险阻教会了马松收敛和克制自己的情绪，懂得原谅和感恩。为了自己的梦想，他凭着一股狠劲，一步步走向成功，才有了在台上光鲜亮丽的马松。

当我们看到那些活跃在舞台上，带着耀眼的光环，用骄傲的姿态行走的明星时，总会用艳羡的目光追随着他们，可是我们看不到他们在光环背后流下的泪水和汗水。

每个人的命运都掌握在自己的手里，只有向着目标努力才能得到相应的回报。如果抱着侥幸的心理，纵容自己的懒惰想少付出些努力，那么现实也会露出残酷的一面，让他们欲哭无泪。

格力集团董事长董明珠在儿子两岁时，家里突然遭遇变故，她的丈夫因病去世，对于她来说整个世界都倾覆了。要强的董明珠不愿意整天回忆痛苦的往事，她选择坚强地面对，决定去广东闯一闯。儿子 8 岁时，她把儿子留在家里交给自己的母亲照看，孤身一人南下广东，进入格力，开创了属于她的神话。

董明珠成为一名普通的业务员，当时的格力公司只是一个组装空调的国有小厂。那个时候，董明珠都不知道什么是空调，但是她知道作为业务员，有一笔不可能完成的业务，那就是上一任业务员留下的 40 多万元的债务。如果她能把这笔债追回来，就能得到一笔可观的佣金，她动心了。

别人劝她，说："这笔款项是前面的人留下来的，跟你没有关系，就是一笔烂债，你不可能追回来。"董明珠拿出自己的狠劲，果断地说："我是格力的一名员工，今天接替了业务员这个位子，就要对公司负责，我要为公司追回这笔欠款。"

董明珠到欠款人的办公室门口堵，一堵就是 40 天，让对方无法正常办公。对方实在没辙，就假装同意拿货物顶账，让她第二天来拖货。可是第二天董明珠再一次上门却找不到人，原来对方用的是缓兵之计。

"你有张良计，我有过墙梯。"董明珠想办法找到对方公司的职工，用哀兵之计诉说着工厂的不容易，博得对方的同情，答应她，看到欠款人就通知她。

接到通知的董明珠再一次堵住跟她打游击战到处躲藏的欠款

人，欠款人见实在躲不过，就指着单位里一堆笨重的空调说：“货在那里，你自己搬。”

很快，董明珠把在外面等待的货车叫进来，也不管她瘦弱的身躯还没有空调重，与司机师傅用劲抬着。她心中只有一个信念：“拖我也要把这些空调拖上车。”

当时董明珠心情非常激动，生怕欠款人反悔拦住她的车，只想快点把空调都搬到车上。当货物全部搬完，货车发动的一瞬间，她的眼泪流了下来，这次要债太艰苦，靠着对自己的狠劲终于成功了。

在格力电器最困难的时候，董明珠接手经营部部长的职位，对企业进行大刀阔斧的改革。在她的带领下，一个曾经面临倒闭的企业，空调销量排名连续 8 年第一，她创造了一个奇迹，声名远播。

在我们的人生之路上，做每一件事都会有失败的可能，当我们抚摸着被现实折磨得伤痕累累的躯体时，如果能对自己狠一点继续向前，告诉自己再试几次，就可以离成功更近一些，我们的诚意和决心就可以打败命运，得到我们想要的成功。

每天都是崭新的开始

深夜，当时间清零变成 00:00 时，告诉人们一天结束，新的一天开始了。这是个起点也是个终点，昨天的终点，今天的起点，一个崭新的开始。昨天已经过去，明天还没有到来，我们应该过好崭新的今天。

时钟嘀嗒着不受任何事情牵绊继续运行，就像我们的生命，不受我们控制继续向前，谁都无法追回上一秒，也无法预测下一秒会发生什么，我们能做的就是不给上一秒留遗憾，就算痛苦也是一种教训，给下一秒的生活提供经验，快乐地过着每一秒。

当太阳升起时，看着窗外喧闹的尘世，告诉自己又是新的一天。整理好自己的心情，用饱满的热情迎接新的一天。没有任何人或者任何事情可以阻拦自己前进的步伐，一切都掌握在自己手中。接受昨天的教训，努力改正错误，向着自己的梦想更进一步。

我们跟随着时间的节奏一步步往前走，直到终点。每一天都是新的开始，这一天是快乐还是痛苦，是辉煌还是平庸，都是个未知数。无论昨天是悲伤还是快乐，是欢笑到深夜带着快乐入眠，还是伴着悲伤的眼泪等待天明，都已经成为过去。我们应该努力过好今天，快乐地活着。

“我不知道该羡慕她还是心疼她！”一次闲聊时，闺密魏玲发出这样的感慨。“怎么了？”我好奇地问道。

魏玲打开微信朋友圈的一张照片给我看，一位与我们年龄相仿的女人穿着帅气的冲锋衣站在重峦叠嶂的风景里，灿烂地笑着。玲又翻到下一张，女人左右两侧多了两位老人，三个人看着前方，在美丽的风景里快乐地笑着。

“这是她的父母，她现在经常带着父母到处游玩。”魏玲不胜唏嘘地说道，眼睛里更多的是悲伤而不是羡慕。

“能够带着父母出去游玩是我们的梦想，但我们杂事太多，总是没有时间，她却做到了。而且他们看上去很快乐啊，你怎么那么难过呢？”我奇怪地问道。

“她现在是肺癌晚期了。”魏玲的视线离开手机上的照片，看向窗外温暖的阳光。照片上欢笑的面容还留在她的脑海里，可是欢笑背后的眼泪谁又能看得到呢？我吃惊地仔细看了看照片中的女人，那脸上的笑容好像这个世界非常美好，而她享受着与父母结伴同游的快乐。

魏玲将她的故事娓娓道来。

她姓王，同事们都称呼她王姐。她总是很热心地帮助身边的每一个人。大学毕业后分配到化工厂任技术员。三年后，经过她的不懈努力成为部门的主管。魏玲从学校分配到这里后，跟在王姐后面学到很多知识，享受着王姐无微不至的呵护，两人很快成为无话不谈的好朋友。

王姐的官不大，但是要管的事情却非常多。每天她总是第一个到达办公室，最后一个离开办公室。化工企业里面的事情非常繁多，24 小时运转的设备经常会有突发情况出现，王姐总会在第一时间赶回单位处理，好像她时刻做着回到公司处理事情的准备。

就这样，王姐努力工作了 5 年后，在 30 岁那年，被公司评为最佳员工。她被领导调到公司总部做管理，级别提升了，工资增加了，当然劳动强度也大了很多。王姐乐此不疲，进入公司总部是她的理想，可以接触更多的人和事，扩大她的眼界。达到事业上的目标后，她准备向着自己生活的目标努力，买房买车建造一个属于自己的爱巢。

生活总是在不经意间带给人们伤痛，摧毁人们的意志，让人们在痛苦中继续活下去。

公司每隔一两年会给职员进行体检，不幸的是王姐有项指标一直不合格。换了几家大医院反复检查，最后确诊为肺癌晚期，癌细胞已经转移，无法手术。年轻的她希望能够活着，但是两次化疗后，出现恶心、呕吐的现象，没有力气走路，仿佛整个人都被掏空了，虚脱地活着。

每天，躺在病床上的她看着窗外太阳升起，等待着护士拿来各种仪器对她的身体进行监测，再给她挂上色彩缤纷的药水，然后一双无神的眼睛看着太阳落下去，整个世界陷入黑暗之中。

王姐想过用死亡来结束自己看不到希望的生命，但是看着身边年迈的母亲，两鬓斑白，眼眶微湿地对着她微笑，她告诉自己一定要坚强。如果她这样离去，最痛苦的就是她的父母，想着那样悲痛的场面，王姐不由得泪流满面。

王姐想了很多。她从上学开始就不停地学习，总是父母在呵护着她，毕业后为了工作东奔西走，没日没夜地忙碌，一直没有时间静下来孝敬父母，也没有做些让自己快乐的事情。

她对自己说："既然死神提前告诉我剩余的时间，就是让我快乐地度过最后的时光。每天都是一个崭新的开始，我不能用悲痛来充斥剩下的时光，在无助中等待死亡的来临，我不如换个方式生活，好好享受生命的最后时刻。"

王姐决定用有限的生命做些自己想做却一直没有时间做的事，带着父母走遍祖国的大江南北，快乐地与父母相守在一起。

当身体情况好转一些时，她带着从来没有见过大海的父母一起坐飞机去了海南。她穿着漂亮的比基尼，躺在沙滩上进行阳光浴，感受着生活的美好，不去想明天会怎样，幸福地过好今天。

听完王姐的故事后，我的目光转向魏玲的手机，屏幕早就自动关闭，一片黑暗，刚才漂亮的照片只能停留在记忆里。我的心中涌起一片苍凉。

我们只有在生命倒计时的时候才会注意到时间的流逝。每个人的生命都是从起点走向终点，只是时间的长短不一样。每一天都是崭新的开始，快乐或者痛苦都掌握在我们自己手里。我们的思维不能停留在昨天的情绪中，因为过去的已经无法改变，明天还只是一个未知数，我们只能努力过好今天。

我走出魏玲家，看到路边小公园里大爷大妈们自在地舞动着自己略显衰老的身体，那每一个笨拙的转身带来的快乐洋溢在他们沧桑的脸庞上；路边遛狗的年轻人步态轻盈地行走着，充满力量和青春的活力；一对小情侣满脸不高兴地争辩着，就算争出个谁对谁错又能怎么样呢？生活还会继续，阳光下，风雨中，明天又是新的一天，我们必须努力振作，不怕挫折，把自己的日子过得多姿多彩。

谷歌有位高级工程师马特·卡茨，几年如一日地对着电脑，感到生活枯燥乏味。他觉得每天太阳升起时，就是新的一天来临，就应该有一个崭新的开始。当然每件事都从头再来肯定会觉得辛苦，也不现实，他可以去完成些他没有完成的梦想，做些自己从来没有做过的事。

他把自己的计划设定为 30 天，每天步行 10000 步，锻炼自己的身体或者骑车远行；每天拍一张照片；写一本 5 万字的小说，他计算了每天必须写 1667 个字才能够在 30 天内写完，他约束自己不写完就不许睡觉。

30 天后，每天坚持运动的结果是，他从一个肥腻的宅男工程师变成一个健硕的男人。他喜欢骑自行车去工作，工作之余去非洲最高峰乞力马扎罗山远足。

每天拍的照片记录下他在哪里，在做些什么，从另一角度来看他的生活，让他觉得自己可以做更多的事情，让这一天不会虚度，不会重复昨天做过的事。

他最开心的就是在 30 天内完成一部 5 万字的小说，让他可以在碰到著名作家时不用介绍自己是一个电脑科学家，可以自豪地说自己是一个小说家。

时间对每一个人都是公平的，总是从清零开始，不停地重复，给人们新的开始，再满载着快乐或者悲伤结束。让我们积极去迎接新的一天，把今天当成崭新的开始，主宰自己的生活。高山需要翻越，深水需要泅涉，只有经历过才能体会到真实的感受，坚定必胜的信念，积极面对生活中的苦难，努力活出自己的精神。

只要付出努力，再大的麻烦也不怕

成功者能够取得成功的秘诀是坚定自己的目标，为了达到目标坚持不懈地付出努力。他们还有一颗不怕失败的心，遇到再大的麻烦都不会退缩，勇往直前才能够取得成功。我们看到的是成功者的表面，却看不到他们在获得成功的路上遇到的各种麻烦和困难，他们只有付出超出常人的辛苦和努力，才会获得让我们羡慕的辉煌成就。

职场就像一个人生的万花筒，总是会有人哭有人笑。

有种人永远屈居于别人之下，用羡慕的眼光看着别人平步青云，心里咒骂着对方太狡猾。他们总是抱怨上司对他们不公平，他们觉得自己付出的努力不比别人少，就是因为自己的运气没有别人好，被别人占了先机，看着别人升职加薪，他们觉得自己非常委屈。

一个人能够在职场中成功，与他们平时的努力分不开，并不是偶然的现象。当然有些人是靠外界的资源获得了他们想要的成功，但是外界的资源也有用尽的时刻，靠自己的努力才能维持好以前的资源，开发出新资源，让自己在职场立于不败之地。

娟子和张英大学毕业后进入同一家公司工作，两人职业相似年龄相同，家庭条件也差不多，站在同一个平台上。三个月实习期过后，张英被公司升为主管，管理着十个人的小团队，其中就包括娟子。娟子很不服气，两人的条件差不多，做着差不多的工作，为什么升张英而不升她？

娟子来到经理办公室找经理，问：“为什么张英可以升为主管，跟她条件差不多的我却要听她的指挥，被她领导呢？”看着娟子一脸委屈的样子，经理好笑地说：“这样吧，明天有个外地团队来公司谈业务，你去查下他们什么时候到达。”

娟子疑惑地走出经理办公室，过了一会就回到办公室告诉经理，说：“他们明天下午三点钟到达我们公司。”经理问她：“他们是坐火车来还是坐飞机来？”娟子愣了一下说：“我去查一下。”

过了一会，娟子再一次推开经理办公室的门说：“他们坐火车来。”经理问道：“他们坐的是动车还是高铁？几点钟到站？到哪个火车站？”娟子摇摇头，经理挥挥手，让她再去查。很快娟子回来对经理说：“他们坐高铁，下午一点半到达南站。”

经理又问道：“他们住在哪里？”娟子摇摇头，心里不停地嘀咕着：“经理真麻烦，这么多问题，不一次交代清楚，害我跑了几趟，真麻烦！”

经理让她站在一边，把张英叫进办公室，说：“明天有个外地的团队来公司谈业务，你去查下他们什么时候能到。”张英笑着点头离开办公室。

过了没有多久，张英推门进来说：“经理，我查过了，明天他们坐高铁来，大概一点半到达本市，请问要不要派人去接以表达我们的诚意？他们都是东北人，我觉得可以安排他们在东北酒店住，那里的环境和饮食可以满足他们的各种需求。”

站在旁边的娟子看着张英从容的言谈举止和经理满意的笑容，羞愧地低下了头。经理看着娟子羞愧的模样，知道她终于懂得了为什么升张英而不升她。

过了一会，经理问两人：“你们都是大学毕业生，会不会韩语？”两人摇了摇头，大学期间除了专业知识，她们学的外语只有英语。经理继续说：“明年公司将开辟一些韩国的业务，需要懂得韩语的人。你们都是专业学校毕业的，理论知识充足，可以去报个韩语班，多学些知识，对你们有好处的。”下班后，两人就去报了个韩语培训班。

半个月后，娟子就打退堂鼓了，对张英说：“我们技能考核没有问题就行啦，公司有专门的翻译，我们这么麻烦来学习韩语干吗呢？在学校里面我就害怕学英语，韩语更拗口，还得每天都去上课，真麻烦。我还有很多电视剧没看完呢，女人不需要那么辛苦，以后嫁个好老公不用出来上班就行了。”

娟子没有学下去，继续做着自己的小职员，也不再嫉妒张英的成就。她下班就追剧，韩语中的简单用语在追剧中也稍微有点了解，但达不到与人对话的程度。后来她找了一个经理级别的老公，就辞职回家过着少奶奶的生活。

张英通过自己的努力一步步往上升，成为经理级别的管理人才，拿着高额的工资，管理着更多的职工。公司领导放心地交给她很多有难度的业务，再难她都能通过自己的努力圆满地完成任务。

几年过去了，张英和娟子在商场里相遇。张英穿着得体的职业装，浑身散发着优雅的气质。她差点没认出眼前的娟子，曾经貌美白皙的娟子脸色苍黄，迷茫的双眼周围是深深的黑眼圈，满身的赘肉，穿着松松垮垮的衣服，手里还抱着一个两岁大的幼童。

"这孩子真可爱。"张英逗弄着娟子怀里的幼童，忽略憔悴的娟子。"是很可爱，但是带孩子又辛苦又麻烦。"娟子有气无力地说道。"找个保姆带啊，你们又不差钱。"张英奇怪地说道。"没有请保姆，老公说我又不上班，孩子就交给我带。"娟子深深地叹了口气。

张英简直无语，虽说带的是自己亲生的孩子，可看上去娟子根本不是心甘情愿去做的，因为现在的她没有选择的权利，只能服从。

曾经年轻的娟子怕麻烦、怕辛苦，不想付出努力。可是麻烦不会因为你害怕它就不存在，越逃避麻烦就会越多，让怕麻烦的人活得越来越累，最终落入无从选择的境地，辛苦地活着。而那些有成就的人，在他们的字典里面根本没有"麻烦"这两个字，他们觉得麻烦就是他们走向成功的台阶，他们会挑战麻烦，消除一切麻烦，过着惬意的生活。

优秀的员工永远不会怕麻烦，他们会主动为领导解决各种可能会遇到的麻烦，得到领导的赏识，达到自己的目的，成为让别人羡慕的人。在他们眼里，“成功”在“麻烦”的背后向他们招手，等待着他们走过布满“麻烦”的荆棘走向成功，没有人可以随随便便取得成功。

著名导演冯小刚自幼喜欢美术和文学，但是他没有家族背景，高中毕业后进入部队里的文工团担任舞美设计。从部队下来以后，他加入正在拍摄的电影剧组担任美术助理，这是他第一次接触影视界。后来，在影视圈里拼搏了多年，冯小刚终于有了让人羡慕的成就。

在一次电影沙龙上，人们让冯小刚传授成功的经验，他告诉大家：“我成功的秘诀就是非常刻苦、非常诚恳，当我还是一个美术助理时，我就想着把自己的事做好后，再去帮助别人。”

冯小刚说：“作为一个美术助理，我在摄制组里做过很多行当，哪里需要，我就到哪里去帮忙。我最喜欢有人说某件事太麻烦了，准备放弃。我反而觉得这是给我的一个机会，可以让别人看到我的能力。”

冯小刚在电影《老炮儿》中饰演一位喜欢拎着鸟笼子到处闲逛，

跟街头巷尾的每个人都可以搭上两句话的老混混，但实质上却是一个拿得起放得下的硬汉，两种性格交织在一个人的身上，那种困难可想而知。

作为一名著名的导演，名和利在他眼里已经不是最重要的，他并不想演戏，导演告诉他这个角色具有很强的挑战性，普通人根本驾驭不了这个角色，激起他的兴趣接下了这个角色。既然接下角色，就要付出努力认真地去演。冯小刚把角色揣摩得滚瓜烂熟，演绎出一位让观众们热血沸腾的“老炮儿”。

很多看过电影《老炮儿》的观众都忘了扮演“老炮儿”的是位著名的导演，演戏并不是他的专长，却把“老炮儿”演得非常成功。只要冯小刚想去做的事，他都会付出全力去完成，再困难的事他都可以攻克，获得他想要的成功。

电影沙龙上，冯小刚对年轻人说：“现在的年轻人都怕麻烦，让他们去做一件事还没有去办，就会想到很多麻烦的事，会说这个难办，那个不好搞，关键还是他们怕麻烦，所以成功自然就会远离他们。”

不怕麻烦是走向成功的前提，很多看上去很简单的事，做起来并不容易；一些看上去很复杂的事，反而可以轻松地解决。就是因为不怕麻烦，付出努力去解决，遇到更多更大的麻烦时才不会害怕。

不能为了短暂的安逸逃避麻烦，那样反而会遇到更多的麻烦，离成功越来越远。拥有坚强的意志力还有执行力，坚守自己的原则，明确自己的目标，把解决麻烦当成走向成功的台阶，就会离成功越来越近。

第三章

你的人生要自己来导演

人生就像一艘在大海上漂泊的小船，我们是自己小船的舵手，

漂向哪个方向都被自己控制，无论是向着自己的目标努力前进，

还是随风漂向任何一个角落。

做自己的主人，不要被别人牵着走

每个人都是一个宝藏，有自己的本心和本性，还有挖掘不尽的潜力，是我们终生享用的财富。我们感到痛苦是因为迷失了本心和本性，追逐外在事物带给我们的快感，陷在现实的泥潭里不能自拔。

寻找初心，就是找回自己的本心和本性做自己的主人，不被外在的情绪左右，不被别人牵着走。

人的一生经常会被痛苦缠绕，因为人本来就有太多的欲望，现实的生活把我们变成房奴、车奴、孩奴、官奴、钱奴等，为了这些欲望我们被外在的环境控制和束缚着，痛苦地活着却又无法摆脱，最终迷失自己，生活在水深火热中。

听过这样一个故事：有一天，当释迦牟尼在寂静的树林里闭目端坐静修时，树林的深处传来一对年轻男女的欢笑声。过了一会儿，就看到一个年轻的女孩，急急忙忙地从释迦牟尼面前走过，快速地奔向另一边的树林，很快就消失在树林深处。

这时，树林里又跑出来一个男孩子，看到端坐在那里的释迦牟尼，急匆匆地问道："请问您刚才有没有看到一个女孩子从您面前跑过？她是小偷，她偷了我的钱包！"

释迦牟尼抬头看了眼男孩，问道："你是要找那个逃跑的女孩还是要找回你自己呢？你觉得哪个更重要？"男孩没有想到释迦牟尼会问他这样的问题。男孩知道释迦牟尼提出这样的问题肯定有原因，他反复思索着释迦牟尼的话，却没有想通，一时间感到无所适从。

释迦牟尼再一次问男孩："寻找逃跑的女孩还是寻找你自己，哪个更重要？"男孩仔细回味着释迦牟尼的话，突然发现自己迷失了本性，为了身外之物追逐不停，把自己弄得疲惫不堪，心里还非常痛苦，成为欲望的奴隶。

故事到这里就结束了，男孩代表的是我们自己，现实中追逐着功名利禄，酒色财气，迷失自己的本性，被欲望控制，成为欲望的奴隶。欲望是没有止境的，会带给我们更多的空虚和痛苦，只有找回本性，做自己的主人，才可以让我们重拾快乐。

还有一个众所周知的故事，说的是一个老人带着他的孙子去集市，老人年纪大了，就把家里的那头驴给牵出来，让年幼的孙子骑着驴，老人跟在后面走。当他们走到村里的石桥上时，旁边的村民说："这孩子真不懂事，让老人家在后面走，自己骑着驴。"

老人和孙子互相看了一眼，孙子说："爷爷，那个人说得对，您年纪那么大了，还是您来骑驴吧。"孙子从驴背上下来，让爷爷骑着驴，自己跟在驴后面走。

走了一段路后，又听到路边有人议论道："这老头子真不像话，自己骑驴，让一个没有驴高的孩子跟在后面走。”老人听了，看看后面的孙子，觉得不好意思，从驴背上下来，两人牵着驴继续向前走。

没走多远，旁边有路人发出嗤笑声，说：“这两人真蠢，有驴不骑还牵着走路。”老人想了一下对孙子说：“那人说得没错，驴就是给人骑的，让我们一起骑吧。”两人一起骑到驴背上，孙子坐在前面，老人坐在后面，继续向前走。

这时，旁边的人开始为这头驴打抱不平了，只听见有人说：“这两个人真可恶，让一头驴承受他们两个人的重量，可怜的驴啊！”老人和孩子看着驴走路都有点打晃，确实如路人说的那样无法承受两个人的重量，就从驴背上下来了。

他们觉得驴挺可怜的，就决定抬着驴走，可是瘦弱的爷孙俩根本无法抬动驴，只能放开牵着驴的绳子，让驴自己走，最终驴跑掉了。

故事带给人们的只有一阵欢笑，觉得故事里的爷孙俩真的好傻，跟一头驴较劲，但是，人们没在意的是这样的事情在现实中经常发生。当我们认真完成一件我们认为做得很圆满的事情，却不能达到所有人的要求，总会有人来指责我们，让我们跟着他们的脚步走。

每个人都有适合自己的主张，适合别人的不一定适合自己。

只有努力学会更多知识，用知识充实自己，才可以做自己的主人，坚定自己的立场，不被别人牵着走，不用为了讨好别人而委屈自己，过自己想要的生活。

热播电视剧《人民的名义》中省公安厅厅长祁同伟出生于贫穷的家庭，靠着自己的努力从大山沟里走出来，进入省城大学的政法系。他知道自己比别人的起点都低，就要比别人付出更多的努力，在大学里，他品学兼优，每门功课都名列前茅，是学生会主席，而且是高育良老师最出色的学生之一，跟另两位家境好成绩也好的同学并称“汉东三杰”。

现实总是会带给人们困苦，折磨人的心智。祁同伟的帅气和优秀，被学校的女辅导员看中，动用父辈的关系想让他就范。年轻的他为了自己的爱情和自己的人生，选择了逃避。他接受不公平待遇，被学校分配到一个小乡村里做司法助理，而“汉东三杰”的另两位被分到省检察院，实现了他们的理想。

祁同伟想靠自己的努力回到大城市，主动要求加入最危险的缉毒大队，一个人独闯毒贩窝点，用性命去给自己挣得荣誉，却再一次被命运逼入低谷。人们已经看到他的成绩，也在四处传颂着他的英勇故事，只要他坚持住自己的立场，就会有不一样的人生。但他放弃了努力，向命运低头，与魔鬼谈成交易，出卖了自己的灵魂，成为魔鬼的奴隶，过着生不如死的生活。

一个深信“努力改变命运”的寒门子弟，一直活得很有尊严，却被权力的欲望驱使着成为别人的走狗。虽然他从此平步青云成为省公安厅厅长，可是他的内心充满了矛盾，总是活在别人的阴影下，在别人的指示下做着违心的事。

人们没有忘记他曾经是英勇的缉毒英雄，可是他却把自己用命换来的荣誉踩在脚下，出卖自己的尊严换来更多的权力。电视剧中李达康说祁同伟是靠吹吹捧捧上来的，事实也是如此。他不再信奉“努力改变命运”，他的眼中只有权力，更多的权力，就算是别人看不起他，把他当狗一样牵着走他也无所谓。

祁同伟的结局非常悲惨，每个看到他结局的人都为之叹息，他本性纯良，只是因为欲望的驱使成为别人的奴隶，在别人的命令下过着看似繁花似锦其实却千疮百孔的人生，最终一场空。

反观“汉东三杰”之一的侯亮平，帮助好友蔡成功，反被好友陷害，停职待审。虽然所有的罪行都证据确凿地指向他，可是他相信自己是正义的，他听从内心的指引坚持自己的本性，与邪恶斗智斗勇，用智慧和生命做赌注，与罪人共唱《沙家浜》，最终洗清了自己的罪名。

人生在世，为了梦想努力奋斗是天经地义的，但是执着于自己的欲望而迷失本性，最终会得不偿失，失去最宝贵的本心，在人生的舞台上像牵线木偶一样听从别人的安排，过着不属于自己的生活。

努力做最真实的自我

现实生活中，每个人都有自己活着的目标，有的人为了生存而活着，有的人为了金钱而活着，有的人为了别人的表扬而活着，有的人以别人的看法来判断自己生活的幸福度。当自己的行为与周围的人相差太大时，就会有很多“善意的忠告”通过各种途径充斥自己的耳畔，最终自己无力抗争，服从了别人“善意的忠告”。

有这样一个有趣的故事：一位心理学家和一位物理学家是朋友。一天，心理学家找物理学家闲聊，开玩笑地说：“老朋友，我会让你在家里养鸟。”物理学家笑着摇摇头说：“我不喜欢养鸟，也从来没有养过鸟，怎么可能养鸟呢？”心理学家说：“我们俩打赌，我肯定会让你在家里养鸟。”物理学家还是笑着摇摇头，一脸不相信。

过了几天，心理学家送给物理学家一个漂亮的鸟笼子。物理学家好笑地说：“我家里不养鸟，不需要鸟笼子。”心理学家说：“有了这个空鸟笼，你肯定会养鸟的，你可以先把这个鸟笼当成艺术品挂起来。”物理学家心里想：“摆鸟笼和养鸟是两回事，我就先把鸟笼当成精美的工艺品挂几天，就是不养鸟，看他有什么话可说。”物理学家接过鸟笼挂在了房间里。

每当家里有客人来访时，看到物理学家房间里的空鸟笼就会问："教授，您养的鸟是什么时候死的？"物理学家诚恳地解释道："这只是朋友送的一个工艺品，我没有养过鸟。"对方一脸不相信的样子让物理学家无法继续解释下去。

渐渐地，每位来做客的朋友都会问相似的问题："教授，您的鸟是飞了还是死了？""教授，您原来养的什么鸟啊？"他们总会或多或少地问上两句，表达自己的关心，甚至有人自作主张地要送鸟给他养。

过了没多久，物理学家想了想，说："算了，我还是养只鸟吧，免得把时间都浪费在跟别人解释鸟笼有没有鸟的问题。"出于无奈，物理学家买了一只鸟养在了鸟笼里面。

做真实的自己看起来很简单，做起来却不容易。我们生活在尘世间，被外界影响，很容易接受别人的意见，按照别人指导的方式生活，忽略自己内心真实的想法，最后活成别人想要的样子。

朋友小莉长得很漂亮，高挑的个头，白皙的皮肤，是家里的独女，父母的掌上明珠。高中毕业后，小莉没有考上大学，父母想尽各种办法，花了很多钱才托人把她安排到事业单位工作。

办公室小职员的工作很悠闲，每天只要按领导的要求整理档案就行，这些简单的事对于年轻的小莉来说很快就能完成。因为她是非编制人员，所以很多同事用异样的眼光看她，不愿意搭理她，坐在人声嘈杂的办公室里，她觉得非常孤单。

父母觉得她有一份稳定的工作，就是最快乐的事情，外人也用羡慕的眼光看着她光鲜的外表，却不知道她内心的苦闷。

每天，她做着不喜欢的工作，到了月底也只能拿到微薄的工资。她想换份工作，做自己喜欢的事情，赚更多的钱。可是按她现在的工资标准，得五年不吃不喝才能凑齐父母为她找工作花的钱，所以她不敢也不能换工作。

小莉经常跟父母抱怨，但又不敢真的换工作。母亲告诉她："女孩子工作稳定就可以了，关键是要找个好男人结婚。"她跟母亲说："我就不能找份自己喜欢的工作吗？这份工作真的太没意思了。"母亲搂过她的肩膀说："你现在不懂得事业单位的好处，等时间长了你就明白我们的苦心了。"

抱怨归抱怨，第二天早上，小莉还是得去上班，带着怨气重复昨天的工作，跟同事的关系也处不好，处处被人排挤。

小莉的第二件人生大事就是找对象，可是提起这事她就非常烦躁，她总是碰不到理想中的男人，这样一拖就拖成了"剩女"。父母开始为她着急，给她安排相亲活动，发动亲朋好友给她找条件合适的男人。

家人的这些举动让她更加烦躁。有一天，她心情郁闷地问我："为什么我总是找不到我想要的男人呢？"我好奇地问她："你想找什么样的男人呢？”她说：“我的要求也不高啊，对方要老实、善良、顾家、对我和我的家人好，长相看得过去就行。”

我继续问道：“你对他的物质条件有没有要求呢？对方应该有房吧？”“那肯定得有套房子啊，要不然结婚后住在哪里呢？”

我又问：“是不是还要有辆车？”“那是必须的，现在哪家没有车呢？结婚后有了孩子，我不可能大着肚子挤公交车上下班吧，出门打车也不方便，车是现代家庭必不可少的代步工具。”

我跟她算了笔账，她提出来的条件对于本地人来说确实不高，对于年轻女孩来说也有可能找到那样的男生。可是她已经是“剩女”，这个年纪本地的男人早成为别人的丈夫了。

有房有车工资高，会疼老婆又对老婆的娘家好，人长得帅气还要老实顾家，这是每个女人都梦寐以求的模范老公，早就被抢回去结婚了。

以小莉现在的条件，只能把目标转向在本地工作的外地男青年，就算他有很高的工资，在这里买一套房也会让他欠很多债，还要买车，那真有点捉襟见肘。两个大件就能让外地男青年结婚后很多年都缓不过来，而且不能生病，不能应酬，不能旅游，一切花钱的活动都不能参加。我问小莉：“这样的生活你愿意过吗？除了物质达不到你的要求，男青年的人品很好。”

小莉想了会说：“我不能找条件比我差的，要不然别人会笑话我的。”我叹了口气，又是别人，她活着好像不是为了自己，而是活在别人的眼里，感觉到痛苦却又无力反抗，最终迷失自己，走上一条不归路。

我们在意别人的看法，是因为自己的虚荣心在作祟，只有努力克服自己的虚荣心，才可以做回真实的自己，做自己想做的事情。

单位的上司是一位优秀的推销员，也是公认的演说家，她可以用自己的语言激起员工们工作的热情。当她站在礼堂里开始演讲时，没有人能够阻挡她讲下去的欲望。有一次，一位管理者见时间差不多了，想插话，直接被她无视，尴尬得恨不得离开。没人可以阻止她把自己的演讲说完。

演讲时，女上司偶尔会紧握起拳头，用左手敲击右手，发出啪啪的声音，并且提高自己说话的音量，提醒下面的职员们，现在她说的是重点中的重点，希望引起他们的注意。有时候她会兴奋地在台上快步地来回走动，宣泄心中的激动，让听众也随着她的节奏激动起来，全场一片沸腾。

有位同级别的管理者赵小玲非常佩服她，被她演讲时的魅力深深吸引，希望自己也能像她一样，于是，赵小玲准备模仿女上司演讲时的举动。

机会很快就来了。轮到赵小玲演讲时，她学着那位女上司的样子，在台上大声叫喊，并且快步地来回走动，还不断做出夸张的手势。

有些熟悉她和女上司的人明白她在模仿女上司，但是那模仿的样子，就像一个跳梁小丑，让人们忍不住笑起来，一场严肃的演讲在大家的一片笑声中尴尬地结束。

在这个世界上，每个人的成功都是独一无二的，只能借鉴而不能模仿，每个人都有自己的特色，单纯地模仿别人不会让自己成功，失去真实的自我只能成为别人的复制品。坚持最真实的自我才可以拥有属于自己的成功。就像牛顿永远不可能成为达·芬奇，你永远不可能成为我。

同样是作家，坐在家里写文章，如果你坐在电脑跟前感到充实，觉得文字能带给你快乐，让文字像流水般从你飞舞的指尖流出，那你就是成功的，你在做着你喜欢，你愿意做的事。但是，如果你觉得坐在电脑前写文章是一种负担，是为了生活而不得已的行为，尽管可以带给你很多收入，你还是会陷入莫名的空虚，即使你写得再好，也是一个失败者，因为你把自己给丢了。

我们要努力让自己成为自己的主宰，明白自己是这个世上独一无二的存在，而不是别人要求变成的那样。努力提升自己的价值，才可以做自己想做的事，成为生活的强者，活出自己的精彩。

自己的人生需要自己去创造

很多人觉得自己活在世界上就会有很多烦心的事，看着别人活得滋润，住着豪宅拿着高薪还四处旅游，他们抱怨为什么自己的辛苦付出只能换来微薄的收入，满足最基本的生活要求，无法去做自己想做的事，只能勉强活在残酷的现实中。

每个人对生活的要求都有自己的标准，有人希望家庭幸福美满，有人想扬名立万，有人想拥有很多的金钱……只有向着自己制定的目标努力前进，才能创造出自己想要的生活。

在快节奏的现代社会中，大多数人离不开网络，微信朋友圈就是一个缩小的生活圈。早晨是刷屏般的心灵鸡汤类问候和对自己的鼓舞，中午晒着各类美食，晚上踩着夕阳回家时显露出不同的心情。每个人都生活在自己的世界里，过着自己的生活，而这种生活是他们自己创造出来的，无论好坏只有自己受着。

聂丽的朋友圈曾经跟我们差不多，但是慢慢地变成她行走在各地的风景照片，她的路越走越远，越走越辽阔，而我们还在原来的生活里挣扎。

聂丽是我的同事，大学毕业后分配到单位，就来到我的部门，与我一起做着朝九晚五的工作，拿着微薄的薪金，只有周末才可以相约出去游荡下，解除工作的辛苦。聂丽长得很漂亮，白皙的脸庞上有一对灵活的大眼睛，见到人就会弯弯地微笑，办公室里的同事都很喜欢她。

她最大的爱好就是打造她精致的生活。当汽车还是奢侈品时，我们这些没有背景的工薪阶层只能看着别人开着车从我们身边呼啸而过，用羡慕的目光看着汽车的影子唏嘘。

聂丽跟我们一起看着汽车的影子，她的大眼睛里闪现出坚定的光芒。不久后一次聚餐时，她开着一辆火红的汽车来到聚餐点，自豪地说："我今天不能喝酒，一会送你们回家。"那种由内而外散发出来的自信和爽气让我们羡慕不已。

"这汽车多少钱啊？"有同事问道。聂丽笑着报出一个数字，引来一阵惊叹声，当时买辆车的钱够买半套房子。房价不停地涨，而车是消耗品，不停地贬值。聂丽不愿意将就自己的生活，贷款买了辆自己心仪的车，每月的薪金全部用来还车贷。她好像突然变得很忙，忙得一下班就看到不到她的身影。

"你的薪金都用来还车贷，生活怎么办？"一天，有位同事提出我们共同的疑惑。聂丽淡淡地微笑着回答说："我在做保险。"原来在买车之前，她就开始学做保险了。当我们慵懒地躺在舒适的床上时，她开始学习保险的各种知识，辛苦地来往于保险公司和客户之间，站在人来人往的街头带着迷人的微笑散发着保险传单。

进入保险公司的门槛很低，很多同事业余时间会被拉着去听保险课。有些人会在朋友的劝说下加入保险公司，做一个兼职的保险推销员，我也是其中一人。保险课听了很多，走上街头，面对陌生人，我也能笑着发出公司要求的传单。大多数陌生人都是一脸鄙视的样子，避开我送过去的传单，好像发传单的人就是一种瘟疫，必须远离。

有一种人不会这样，那就是亲戚朋友，最终很多初做保险的人会把目标对准身边的人，也做成了几笔生意，可是这些跟保险公司要求的业绩相差甚远。

付出跟得到不成正比，慢慢地，我们都放弃辛苦的保险兼职，做好自己的本职工作。休息时间约几个好友逛逛街，在家里追着自己喜欢的电视剧看得天昏地暗，日子就这样一天天过去了。

那些拿着高额保险佣金的经理级别的人，仿佛离我们的生活非常遥远，不经意间，聂丽也达到这个水平，成为区经理，掌管了更多的事。车贷还没有还完，她就想换一辆新车，只能把原来的汽车出售，可是汽车不管行驶了多少里程，就算是才买的，只要出了店门，价格就会掉很多。但是聂丽不计较这些，她要过上自己想要的生活，当然她也做出了选择——辞职。

聂丽离开了我们公司，全身心投入她的保险事业，我也只能在微信朋友圈里了解到她的动态。只要有足够多的付出，就会得到相应的回报。与普通推销保险的业务员不同的是，她很少在自己的朋友圈里发那些变相的推销信息。

她的朋友圈里总是有很多美食，档次也越来越高，她的生活品位逐渐提高，衣着越来越优雅，出入的场合、交往的人群越来越高端，最终凭借着她的努力被保险公司送到国外去学习。她走在欧洲美丽的风景里，欢笑的脸庞诉说着她的快乐，这就是她想要的生活，她终于活出了她的精彩。

人生就像一艘在大海上漂泊的小船，我们是自己小船的舵手，漂向哪个方向都被自己控制，无论是向着自己的目标努力前进，还是随风漂向任何一个角落。人生没有重来，只有继续前行，今天的付出会在明天显现出来。当我们为昨天哭泣的时候，恨不得一切可以重新再来，但我们也明白，现实是不可能重来的。是努力前行达到自己的目标，还是用羡慕的眼光看着别人达到目标，这个选择的权利在自己手里。

我们慵懒地过着自己的生活，为了生活消极应付，做事得过且过，不肯主动去创造自己想要的生活，时间久了，我们会发现自己失去很多。

有一个木匠专职盖木房，他的手艺得到众人的称赞，为公司带来很大的利润。随着时光的推移，木匠年纪大了，坚实的砖瓦房取代了脆弱的木房，木匠的收入越来越少，他决定向老板提出退休，和家人过上清闲的晚年生活。

老板舍不得这位老工人离去，公司从开始发展到现在的规模离不开木匠的付出和精湛的手艺。他对木匠说：“我们在一起很多年，现在有你这种手艺的人越来越少了，你能不能帮我建最后一栋房子，然后再退休呢？”木匠点头答应了。

木匠盖了这么多年的房子，早就厌倦了这样的生活，想着给老板盖好这最后一栋房子，就可以离开，他很开心。他憧憬着退休之后的美好生活，虽然钱少了很多，但是够生活就行了，可以带着老伴一起享受快乐的晚年生活。

木房很快盖了起来，但是木匠的心思已经不在盖房子上面了，用的材料都是残次品，手工活非常粗糙，工艺也是马马虎虎。木匠只想早点离开，很草率地完成了最后一栋房子，他请老板来验收，然后他就可以离开了。

老板来到木房子跟前，看着眼前粗糙的房子，露出可惜的神情。他看着旁边的木匠微驼的身躯，摇摇头，拿出一把钥匙递给他，拍拍他的肩膀，诚恳地说：“你跟我在一起这么多年，这栋房子是我送给你的退休礼物，是你自己的房子。”

木匠听了目瞪口呆，看看手中的钥匙，再看看眼前的房子，羞愧得无地自容。建成的木房是无法返工的，就像生命只能向前无法从头再来一样。他可以买最好的材料，用最高明的技术给自己创建一座属于自己的木制皇宫，却因为消极懈怠建成了眼前的豆腐渣工程。

一个能干的木匠在自己人生的最后阶段住在自己粗制滥造的木房子里，就算曾经有过辉煌也会在这里英名扫地，这一切都是他自己造成的。

含恨离开人世之前，他在这座木房子的大门上装了一块匾额，上面写着：“生活是自己创造的！”

生活是一门艺术，只能靠自己去创造，因为没有人比你更懂你自己。我们今天的生活，是我们在过去的岁月里对生活的态度和抉择。

我们应该用追求卓越的生活态度来打造人生，不要应付着做事，不要觉得为别人做事做好做坏都一样，如果做不好，自己的内心不会安宁。我们要有敬业精神，要么不做，要做就尽量把每一件事做到最好，创造出安逸的生活。

格局决定着生命的结局

“梦想决定格局，格局决定布局，布局决定结局。”每个人都有自己的梦想，为了梦想去发展自己的格局，增加自己的气度和胸怀，让自己具有一定的人格魅力。

如果把人生当作一盘棋，人生的结局都是由人们的格局决定的。下棋时舍卒保马、弃车保帅等各种对弈，就像人生中的每一次博弈，赢家总是拥有先予后取的度量，不计较细节的得失，他们有统筹全局的气魄，运筹帷幄而决胜千里的方略，取得棋局的胜利，成为人生的大赢家。

有这样一个小故事，说的是三个工人在工地上砌墙，旁边走过一位路人问他们：“你们在干吗？”

第一个人辛苦地砌着墙，觉得别人打扰他，没好气地回答道：“你没有看到吗？我们在砌墙。”第二个人看着路人笑了笑，指着上方说：“我们在盖一幢坚实的楼房。”第三个人笑容满面，指着繁忙的工地说：“我们在建造一座美丽的城市！”

10 年后，第一个人依然在工地上辛苦地砌墙，第二个人经过自己的努力学习成为一位优秀的建筑工程师，而第三个人成为前两个人的老板。

我们的人生需要我们自己去创造，我们要调整好自己的心态，增大自己的格局，找好自己人生的目标，为了梦想努力去创造。丰富的知识和熟练的技能是格局的内力，适合自己的平台和充足的人脉关系是我们的资源，只有充分利用这些资源，努力让自己每天处于上升阶段，才能最终创造出自己想要的人生。

有师徒两人云游四方，时间久了钱用完，也无处可以化缘，在金钱社会中，人们总是戴着有色眼镜看他们。小和尚问老和尚："师父，我们的钱用完了，怎么办？"老和尚想了下，走到路边捡起一块石头递给徒弟，说："你把这块石头拿到菜市场最热闹的地方摆摊，但是无论别人出多少钱，你都不要卖。"

小和尚疑惑地把石头拿到菜市场中间摆摊，但是他不吆喝，穿着袈裟坐在那里低声念经。来来往往的人感到很奇怪，慢慢地围上来，看着摊位上的石头议论纷纷。这时，有一个好奇的人对小和尚说："我出10元钱买这块石头，可以吗？"小和尚摇摇头说："不卖。""15元。"又有人出价，小和尚依然摇摇头。

人们的好奇心被激发出来，把价格增加到100元，小和尚不淡定了，他很想把石头卖掉，可是他牢记师父说过的话，没有卖。他拿着石头跑回去找师父说："师父，有人出价100元买这块石头，我们可以把它卖了再去捡一块啊。"

老和尚摇摇头对徒弟说："明天你把这块石头拿到黄金市场里摆摊，跟今天一样，不能卖。"

第二天，小和尚到黄金市场里面找了个摊位摆上，然后跟昨天一样坐在旁边念经，很快就吸引了一群人围观。"1000 元！""不卖。""我出 2000 元！""不卖。"小和尚谨记师父的话果断地摇头。人们开始为这块石头疯狂，一路加价，但小和尚给人们的回复只有两个字："不卖。"当听到喊价 1 万元时，小和尚又不淡定了，带着石头跑回去找师父说："师父，这块路边的石头现在值 1 万元，够我们的费用了，我们是不是可以把它卖了呢？"

老和尚没有回答徒弟，只是告诉他："明天你带着石头去珠宝市场，不管别人如何喊价，还是不能卖。"

第三天，小和尚捧着石头到珠宝市场，石头被放进橱窗里，吸引了众多好奇的围观者。人们议论道："这块石头这么大，里面的宝石一定价值连城。""10 万。"有人开始叫价，小和尚摇摇头。"30 万。"有人跟着叫价，而小和尚一直摇头，最终价格被周围的人追捧到 100 万。小和尚有点接受不了，带着石头跑回去找师父，喊道："师父，太神奇了，明明只是一块普通的石头，怎么会有人出 100 万要买它呢？"

老和尚淡淡地说："把石头放在菜市场里，那它只能是菜市场的价格；把它放在黄金市场里，就有了近似黄金的价格；把它放在珠宝市场里，就可能会价值连城，你明白了吗？”

石头可以因为地点的不同而有不同的价格：在河边只是一块不值钱的普通石头，到了黄金市场就可能成为黄金，在珠宝市场就有可能是钻石。一切皆有可能，就看你是把自己当成石头、黄金还是钻石了。

不起眼的石头只能放置在被人们遗弃的角落，过着孤独悲惨的生活；黄金因为价值提高，环境改变，过着快乐的生活；钻石般的人生是人们仰望的生活，可望而不可即，但不是完全达不到。只要扩大自己的格局，努力奋斗，坚定自己的信念向着目标进取，总有成功的那一天。

阿里巴巴为国人提供方便快捷的网上购物，让人们足不出户就可以买到心仪的物品。风光无限的阿里巴巴集团和创办人马云都是草根的典型。阿里巴巴从一个无人识得的小网站发展到如今，成为全球最大的草根创业者平台，马云也从一位普通人逆袭成为超级富豪。

有句话是这样说的：“要比富马云比你富，要说惨马云比你更惨。”马云有经过一段悲惨的经历才有了现在富豪的生活，按他的说法：这个世界是公平的。

马云出生在杭州省绍兴市一个普通的家庭。18 岁时他想通过高考进入北大，却落榜了；他不愿意服输，再一次参加高考，却再次落榜；他没有气馁，参加了第三次高考，勉强被杭州师范学院专科录取。专科的录取分数线比较低，巧的是那期的本科没有招满人，离本科分数线差 5 分的马云上了本科。

第一次高考落榜后，他去应聘酒店服务员，因为他瘦小的个子，有点像外星人 ET 的外貌被拒之门外。最后他找到一份临时的工作，骑着三轮车走街串巷给客户送杂志。艰苦的打工生活让他明白学业的重要性，他告诉自己一定要考上大学。

大学毕业后，马云在学院里任英文及国际贸易讲师。他很快就熟悉了自己的工作，用同学们能够接受的方式上课，成为学校里最受欢迎的教师，同时也是课程最多的教师，还被评为杭州省优秀青年教师。他在西湖边上发起第一个英语角，让人们可以有地方探讨正宗的英语对话。

马云的翻译水平非常高，很多人请他翻译，忙不过来的情况下，他没有想到放弃，反而促成了他的初次创业，成立了一家翻译社。

现实给马云上了一课，第一个月翻译社就面临窘境，月收入 700 元，房租就要 2400 元。马云依然没有放弃，他想了个办法，把翻译社的一半店面出租给别人，开始从事自己的第二份职业，背着麻袋去批发市场批发鲜花、手电筒、工艺品等东西卖，就像一个随处可见的小老板。当然，这些都是他的兼职工作，学校的工作他也完成得很好。

为了补贴自己的翻译社，他做了一年的医药推销，向那些大医院还有编外的赤脚医生推销。翻译社的同学们也帮他在百货大楼门口发传单、拉横幅、做宣传，受尽路人的白眼。这个过程没有给马云带来太多的经济收益，却让他懂得小商贩和销售员的艰辛，为将来阿里巴巴的横空出世积累了丰富的经验。

一个偶然的机会，马云去了美国，对电脑一窍不通的他在朋友的帮助下初次认识了互联网。回国后，马云与朋友凑了 2 万元钱，创办了一家网络公司，网站取名为“中国黄页”。

中国黄页的业务就是把国内企业的资料翻译成英文，然后放到国外的网页上，让国外的商家看到介绍直接可以联系到国内的企业。但那时，人们都不懂互联网，也看不到实际的利润，没有几个老板愿意为这种看不见的东西花钱。

马云不懂电脑技术，但他不轻言放弃，凭着三寸不烂之舌不停地游说。他每天出门就不停地向人们介绍互联网，说互联网的神奇之处，说得再多，别人也听不明白。直到上海开通互联网，中国黄页才真正走进人们的视线。当时要花 3 个半小时才能看到互联网上的照片，这对于马云来说迈出了成功的一大步，他委屈地哭了。但是在没有互联网的城市，马云依然被人们称为骗子。

三年后，中国黄页网站赚到了 500 万，马云正式成为富豪，但是他并没有停止自己前进的步伐。马云创办的阿里巴巴网站最初只是互联网行业中的丑小鸭，创办后就面临资金的压力，最为窘迫的时候银行账号里只剩下 200 元。

马云和他的网站只是草根阶层，没有豪华的团队配置，也没有成功的案例可以参考，一切只靠着他灵活的头脑运筹帷幄，人们看到马云整天微笑着，却看不到他内心的煎熬。

马云成功了，他的阿里巴巴越来越强大，遇到的困难也越来越多，他只是微笑着接受，他说："男人的胸怀是被委屈撑大的。"

调整好自己的心态，给自己的人生定位，建立一个属于自己的大格局，结局就不再是梦想，可以通过自己的努力达到成功。

努力会给自己带来不一样的生活

生活就像手机里储存的歌曲，听来听去都是相似的味道，渐渐喜欢上空中电波传来的电台音乐，因为我们不知道下一刻主持人会放出哪一首歌曲，讲述谁的人生故事。那些伴随着音乐娓娓道来的人生故事，总能带给我一份感动。

有人骑着单车离开现代化的城市到达西藏，呼吸着高原的空气，品读着不一样的人生，一路上的艰难险阻伴着他淡定的语气通过电波传到我的耳边，跟随着他的话语仿佛走在去西藏的路上。

有人辞去高薪的职位去外国经历不一样的生活，并不是外国的月亮比中国的圆，更多的孤独和寂寞缠绕着他，却无法跟亲朋好友们诉说，只有通过电波向主持人说说心中的苦闷和对家人的想念。但是自己选择的生活再累都要坚持下去，才可以笑到最后，成为让周围人羡慕的人。

生活跟旅行一样，享受的是过程而不是等待着终点的到来，如果只是羡慕别人的勇气而宅在家里，每天重复相似的生活，就会感觉到迷茫，找不到生活的意义。偶然想起，曾经想象过各种精彩的生活画面，却在时光的流逝后深藏在记忆里。

有人说过：梦想不曾远离，你却把梦想埋藏在你深深的抬头纹里，掩盖在死气沉沉的黑色眼袋下。

转眼间，杜丽在一家外企工作了6年。作为一名兢兢业业工作的办公室员工，她已经4年没有涨过工资。每天的工作很清闲，跟同事们相处得也很好，只是想到未来，她的心中会升起一股莫名的恐慌。

读高中的时候，老师对她非常严格，督促她成为班级的先进生。在老师的监督下她不敢有丝毫懈怠，考试成绩总是名列前茅，代表学校参加过省里举办的各类比赛，得过很多奖项，顺利地通过高考进入大学。

没有了高中老师的严格监督，大学里的杜丽处于放任自流的状态，享受着美好的大学生活，懒散地读着大学里要求的功课，顺利地通过毕业考试，进入一家让同龄人羡慕的外资企业。刚进公司时，她凭借一口流利的外语让很多老外交口称赞，甚至询问她去哪个国家留过学，才会有如此标准的发音。

安逸的工作，重复着相似的流程，杜丽每天朝九晚五按部就班地工作。当人们已经习惯她在外企工作后，她就再也没有让别人羡慕的地方。反而是昔日的同学和友人慢慢地混出些名堂，不是隔三岔五地结伴出游，就是计划创办属于自己的小公司，而她好像还在起点上没有任何建树。

在舒适的工作环境中只能拿着微薄的工资，杜丽想换个岗位改变下自己的生活。她想过去销售部门，又觉得那里太辛苦，虽然工资很高，但是每天在外面奔波，求爷爷告奶奶好不容易才能有一单生意，她觉得自己吃不了那份苦，所以放弃；去人事部门，那里都是公司里面的精英人物，懒散的她根本无法进入那个圈子；公司里的其他岗位对专业的要求非常高，只有通过辛苦的学习、反复的考试才可以进入，可是她不想考试。她放弃努力，也放弃了给自己带来另一种生活的机会。

很多女人想过把嫁人当成人生的“第二次投胎”，找一个有房有车有钱的人嫁了，可以不用工作不用为钱而烦恼，过着想象中的幸福生活。杜丽没有这样想，但也热热闹闹地谈了几场死去活来的恋爱，莫名其妙地分分合合，曲终人散后各奔东西，只剩下 QQ 和微信里面拉黑或者永远不变色的头像，证明着曾经有过一段关于爱情的记忆。

有人说过，没有丑女人，只有懒女人。杜丽就是那种懒得打扮自己的女人，她觉得自己是中等的相貌，中等的知识水平，中等的社交能力，完全不懂得如何与人打交道。她都不爱她自己，谁又可能长久地爱她呢？慢慢地她成为自己口中的废品。

当一位花样美男对她伸出爱情的玫瑰花，每天开着宝马车接送她上下班时，她也被打动过，但是不自信的她却开始犯起疑心病，觉得自己配不上他。周围的人也劝她现实点，条件这么好的男人不可靠。

杜丽没有努力改变自己来获取属于她的爱情，她选择了放弃，重新回到自己的卑微世界里高不成低不就地谈着莫名其妙的恋爱。

机会总是会眷顾有准备的人，杜丽的人生才开始，一切皆有可能，但还是需要她克服自己的懒惰，努力学习新的知识，不怕困难，找回她的自信，才能够带给她崭新的生活。

年轻就是她的本钱，可以学习更多知识，坚持下来，她的人生将会改变，得到她想要的工作和生活，也会收获别人羡慕的眼光。找回自信，她就可以对爱情和婚姻有更多的选择，而不会因为对方的条件太好而放弃。

生活在这个现实的社会，我们只有理性地活着，努力让自己的生活走向自己的梦想，我们需要付出更多的努力，坚定不移地走下去。

老同学常梅就明白学习的重要性，走上工作岗位后，她还是会每天晚上去培训班学习，学习公司里面相关的业务知识。她想加入单位的精英部门，就要学得比他们多，懂得比他们多，这样才能够用知识打动精英们，进入精英的团体。

想当精英并不是件容易的事，常梅的本职工作经常加班，她也无法请假。当夜幕降临，她拖着疲倦的身躯走在人来人往的街道上时，想着因为知识的缺乏连自己的时间都无法控制，她就充满学习的动力。

为了下班后可以去学习而不用加班，工作时，常梅争分夺秒地完成上级交代的任务。可是人算不如天算，工作好像永远做不完似的，这项工作刚通过领导的审核，那边又出问题，她深深体会到好事多磨的含义。但是她又无法反抗，因为这是她的工作，就算领导只拖了一个小时，没有加班工资，她也得全力以赴地去完成，这就是她一个底层小职员的命运。

上学时，她没有认真学习，整天跟着同学们到处玩耍，该学习的时间浪费了，没有想到自己未来的样子，没有丰富的知识和高超的技能，只能听任领导安排而不能有任何反抗，才能从领导手上拿到属于她的微薄工资。

只有付出更多的努力去学习更多的知识，才可以改变自己平庸又无法反抗的小职员命运。想拥有优越的生活条件，就要付出相应的努力，才可以支撑起自己的生活质量，长期坚持才可以达到心中的目标。

常梅不敢有丝毫懈怠，别人在追剧聊天的时候，她背着英文单词；炎热的夏日，人们躲在空调房里享受着舒适的冷气时，她却汗流浃背地去运动，为将来的工作做着体能上的准备，把身体练得棒棒的。

她习惯了早睡早起，拉开窗帘让清晨的第一缕阳光照进房间里，感受着大自然蓬勃的气息。生活是美好的，为了能够保持这种美好，她需要努力地学习。

我们现在舒适的生活环境都是那些号称精英的人群创造出来的：快捷的交通可以让我们很快到达我们想去的任何地方；舒适的生活里很多现代化器械在很多年前只存在于科幻小说里面；方便的网络带给人们更多的享受。创造这些的精英们却没有停下前进的步伐反而更忙，因为他们知道他们可以创造出更好的东西，给人类留下无可替代的成果。

控制日益膨胀的成就感

人类在成长的过程中，随着知识、阅历、年龄的增加，充实着自己的能力。过了一段时间，人们会发现自己比以前懂得更多，对事情有更深刻的理解，并且掌握了很多处理事情的技巧和方法。

当一个人不断地获得成功，没有碰到什么挫折时，太多的成就感会让他们的自信心过度膨胀，遇到挫折时则会非常脆弱，容易一蹶不振，走向另一个自卑的极端。我们要学会控制自己膨胀的成就感，把自己面临的问题具体化，不要把自己看得过高，把目标看得太低，要有面临失败的心理准备，因为：花无百日红，人无千日好。

一天回家，母亲对我说："你还记得你小学时的英语老师吗？"我想起那位皮肤雪白长相娇美，总是用温柔的语调教我们英语的美女老师。那时她才 20 多岁，正是一个女人最漂亮的时候，同学们都非常喜欢她，在她的课堂上，同学们都会认真听课，我也如此。我的英语一直很好，可以说一口流利的英语。

"记得啊，那个漂亮的女老师，怎么突然提起她了？"我回答道。母亲叹息了一声说："她得了乳腺癌，乳房被切除了。"我心里升起一丝不忍，英语老师应该才 40 岁左右，但乳腺癌的存活率很高，切除后生命不会有太大危险。

我看着母亲满脸的悲伤，奇怪地问道："切除了就没有事了，您跟她又没有来往，怎么看上去那么难过呢？"母亲抬起头看看我说："那么漂亮的姑娘到现在还没有结婚，单身一个人。"

"啊？"这下轮到我吃惊了，想起女老师一米七的个子，美丽的外表，温柔的性格，从来都是笑着面对我们这些学生。女老师的家庭条件很好，父母都是大学教授，自己长得又漂亮，工作又好，追求她的人都可以排成排。偶尔我们去办公室，会看到女老师的桌上盛开的花朵，那艳丽的色彩、芳香的气味让我们这些小女生羡慕不已。

因为我家里有位亲戚也在学校当老师，听她说当时追求女老师，还有那些想给她介绍对象的人都快踏破她家的门槛，都是些社会精英，如医生、博士等。女老师虽然已经长大成人，并且有了自己的工作，但是为人非常传统，任何事情都交给父母做主，包括谈恋爱。

女老师的母亲像拦路虎一样，过滤着那些上门求亲的男士。可是她左挑右挑，最后挑花了眼，觉得这些男人都配不上自己的宝贝女儿。她会很挑剔地跟女老师说这个男人头发少了，那个长得丑，另一个写字不好看。最离奇的是嫌弃一个帅气又能干的富二代，说那个靠自己能力创建公司的青年才俊浑身充满铜臭味。

我家亲戚也给女老师介绍过一位博士。10 年前能成为博士的人很少，博士毕业后直接分配到大学里成为大学讲师，各种福利接踵而来，人又长得高大帅气，是很多女人心目中的白马王子。

男博士对美貌温柔的女老师一见钟情，就央求我家亲戚帮他牵个红线。当亲戚把男博士的情况向女老师的母亲介绍过后，直接被回绝了，嫌弃博士是农村人。虽然博士的家乡在南方一个小乡村，但是家里几代人都以卖玉器为生，是一个名副其实的富二代。

后来，这位博士接受了同校一位女老师的追求，两人过着幸福的生活。结婚后没几年博士就带着妻子移民加拿大，在那边发展自己家族的事业。他们有两个可爱的孩子，接受外国轻松的教育，没有升学和高考的压力。

女老师习惯性地听父母的话，高不成低不就地等待着父母的选择，慢慢地年龄越来越大，别人介绍的男士条件越来越差，更加无法入她母亲的法眼，就这样女老师被剩下了。乳腺癌的病因一般都是心情长久地压抑，却又无法发泄出来。

当年漂亮的女老师，那么好的一个人，可以拥有最幸福的婚姻，却因为她母亲眼光太高给耽误了。女老师觉得自己越来越找不到好的，找差的心里又不愿意，从高高在上的公主变成任别人挑选的丑小鸭，她的心情长久压抑才会得乳腺癌。我想想都觉得可惜，女老师的母亲应该更加后悔吧。

“唉！”我深深地叹了口气。母亲说：“你叹什么气，你也快

30 岁了，不要觉得自己还年轻，家里条件不错，工作也好就不想着结婚，我可不想像女老师的母亲那样对你的婚姻干涉太多，但是你不要觉得自己很好就不去重视婚姻问题。时间久了，你会后悔的。”

母亲站起来走进房间，留我一个人认真思考。想着母亲刚才说的话，再想想女老师的事，好像在没有察觉的时候，我也步上女老师的后尘，幸好我还年轻，可以从现在开始，脚踏实地去寻找自己的幸福。

女老师就像她母亲最好的作品，因为太好了，所以母亲的成就感就非常强，希望能找个更好的男人来接手，却没有控制住自己日益膨胀的心态，最终高不成低不就地把女儿给耽误了，估计她悔得肠子都要青了，但这个世上没有后悔药。

古语说“龙生龙，凤生凤，老鼠的儿子会打洞”，高知家庭应该能培养出优秀的孩子，但事实正好相反。高知家庭的成员自我感觉很好，觉得自己家庭教育出来的孩子会有更多、更高的成就，但往往事与愿违。

上海有位大学教授，妻子是同校老师，两人把自己的独生女儿培养成才，学成后顺利考上国家公务员，成为一名让人羡慕的公职人员。女婿家里条件优越，从小在国外留学，是位名副其实的海归。四人都可以称为高级知识分子。自从外孙来到世上，就成为家里的宝贝，含在嘴里怕化了，捧在手中怕摔着。

外孙 3 岁时，为了不让孩子输在起跑线上，一家人决定给孩子进行超前教育。教授有很强的自信心，他觉得自己有培养高知女儿的经验，肯定能够把外孙也培养成高知人才。

于是，教授开始带着外孙奔走于各种培训班学着 A、B、C 和 1、2、3，孩子的母亲也想尽一切办法让孩子学习那些他根本听不懂的知识。

可惜全家人的精心培养却没有让孩子考上理想中的民办小学，相反，因为全家总动员让孩子压力太大，幼小的孩子患上了小儿抽动症，让全家人心疼不已，却又十分迷茫。

相比之下，一些大字不识的打工者，反而可以把子女教育得出类拔萃。

前一阵子，家里装修房子，一对夫妻负责贴瓷砖，两人默契地配合着，我跟他们聊了起来，不知怎么就聊到了他们的孩子。

这对来自附近农村的夫妻，年轻时就丢下嗷嗷待哺的孩子来到城市里打工，丈夫学了瓦工手艺，出师后就一直做着装修房子的工作，妻子给他做小工，做些琐碎的小事。当年的装修业没有如今这么发达，他们得到的工资也没有现在这么高，可是他们只会做这个，也只能做这个。

儿女大了，他们在城里租了套房子，把儿女接到城里上学。他们继续做自己的工作，希望多挣些钱让家里人生活得好一些。他们接了更多的活，每天早晨6点天没亮就出门，晚上天黑披着月光回家。

“那您的儿女现在怎么样呢？”我问道。他们自豪地说：“都大学毕业了，儿子在一家公司任工程师，谈了一个对象，明年就可以结婚了，女儿也有一份正式工作。”

我佩服地看着眼前两位，问：“你们是怎么培养出两个大学生的啊？”夫妻俩对望了一下，妻子自豪又害羞地说：“我们哪懂学习啊，都是靠他们自己，每次有了成就，我们都会表扬他们。学习是他们自己的事情，我们忙生活都忙不过来，哪有精力去管他们。”

丈夫接着说：“有时候空闲了我们也会问孩子的作业，但我们哪里懂啊，都是孩子教我们，遇到他们也不懂的，第二天就会去问老师。他们觉得我们工作很辛苦，他们必须努力学习才能改变我们的生活。当城里孩子玩的时候，他们在家里努力学习。他们的成绩一直很好，一路考上大学，都没让我们操过心。我们的任务就是努力挣钱，给他们提供充足的学费。”

控制住自己的成就感，把成就感让给孩子，让他们没有压力地学习，这大概就是那些高知家庭无法培养出优秀的学生，而普通家庭却可以培养出来的原因吧。

第四章

追逐梦想，听从自己内心的声音

每个人都有自己的梦想，不要放弃它，努力坚持，不怕困难，

锲而不舍地做着自己想做的事，总有成功的那一天。

做自己人生的主宰者，而不是旁观客

命运给每个人的人生都开了一张空白支票，其中的价值需要自己去填写，每个人都是自己人生的主宰者，掌握着自己的命运。遇到挫折、苦难时，不能彷徨软弱得不知所措，自己的痛只有自己知道，发自内心的快乐也只有自己知道。

遇到困难时祈求别人的帮助，可是别人不是你，无法感同身受，他们会从自己的角度来解决你的问题，最后问题还是会存在。你的问题只有你自己想尽办法才能解决，因为这是你的人生，由你主宰，而你无法成为自己人生的旁观客。

赵轲是我的高中同学，在千军万马过独木桥的高考中，他的成绩名列前茅，以当地状元的头衔考入重点大学。我们大多数同学只能进入普通大学或者进入社会，开始与他不一样的人生。他成为母校的示范典型，在别人羡慕的眼光和交口称赞中进入大学。

大学的第一次摸底考试，赵轲就拿了全年级第一，得到学校的奖励。他是名副其实的“学霸”，进入高等学府接受文化熏陶，那么他的人生就应该跟开挂似的，成为我们仰望的目标。

事与愿违，超出常人的好成绩让赵轲骄傲起来，觉得自己比别的同学都聪明，就像高中时一样，没有人可以赶得上他的成绩，他开始松懈下来，每天在寝室里睡懒觉，上课经常迟到。

大学的制度没有高中那么严格，对学生的管理很宽松，正对赵轲的心思。他开始放任自己，不再付出努力去学习，大一靠着优异的知识底子混了过去。大二时，他的聪明劲都用在跟老师打游击战上，只为了能经常窝在宿舍里打游戏就不去上课。

常在河边走，哪能不湿鞋？赵轲经常旷课，总会被老师发现。有一次，教授的课上了一半，姗姗来迟的赵轲偷偷地弯着腰，想趁着教授低头看资料的空当溜进教室，却被教授发现。教授直接喊着他的名字，让他走到讲台边，在众目睽睽之下教训他。

赵轲没有接受教授苦口婆心的劝导，反而觉得教授小题大做，让他这个聪明人在全班同学面前丢了脸，所以干脆破罐子破摔，故意迟到，教授再说他，他就当成表扬嬉笑着。后来，为了不影响别的同学学习，他迟到时教授也不再点名批评。

教授明白知识是自己的，赵轲不努力学习，最终吃亏的是他个人。而赵轲不懂，没有老师的约束和批评，他如鱼得水，继续过着自己的懒散生活，后来干脆不去上课了。

有同学问他：“你这样天天打游戏不上课，考试怎么办？”他自信地说：“老师教的那些东西，我只要看一下就懂了，根本不用整天去上课。”因为课上得少，老师讲的他都听不懂，每次考试他都是磕磕绊绊地勉强过关。

赵轲只是别人人生的旁观客，看着别的同学抱着厚厚的书本奔走于课堂和图书馆之间，看着别的同学不论酷暑严寒，利用课余时间在外面打工，而他对同学们做的这一切嗤之以鼻，继续坐在舒适的宿舍里打着让他沉迷的游戏。

成功总是青睐那些努力奋斗的人。大四分手季很快就到了，同学们准备离开学校各奔东西时，赵轲才从他沉迷的游戏里抬起头看看四周。有的同学凭借着优异的成绩申请到更高一级的学府去完成自己的梦想，读研深造；有的同学在大学四年里积累了很多经验找到了自己心仪的工作……而赵轲却一无所获。

赵轲的松懈毁掉了自己的大学生涯，曾经的“学霸”变成“学渣”，大学期间几门功课都挂科，别人收到的是毕业证，而他收到的是肄业通知。他后悔莫及却又无力改变。几年学业的荒废和懈怠让他无法跟上同学们的进度，长久地沉迷游戏让他的精神状态也萎靡不振，看到书本就厌烦，更别说学习里面的知识了。

作为一名当年地方上的高考状元，他回到家乡回到母校做了一名编外老师。时间很快就过去了，他还站在学校的讲台上，给学生们上课、批改作业，下班后和几位朋友吃吃喝喝，他不再玩游戏，日子过得安逸又空虚。

赵轲的人生高开低走，陷入困境，想要改变并不容易，但也不是没有可能。看着朋友圈里昔日的同学们行走在社会的各行各业，成为行业里的佼佼者，他们结伴游走在世界各地，而他——当年的高考状元，却只能蜷缩在小县城里，做一名连普通老师都不如的编外老师。

夜深人静时，他孤独地看着星空，想起曾经的辉煌和堕落，怀疑自己人生的价值，他迷茫了。他不想继续这种单调又枯燥的生活，想离开，可是他不知道自己能做什么，他想起高中时对他很严格的王老师。

第二天，赵轲去拜访王老师。王老师年纪大了，身体不好，退休在家安享晚年。看着自己的得意门生，想着他如今的状况，王老师不胜唏嘘。

看着眼前苍老的王老师，赵轲脸红了，低着头说："对不起，王老师，我错了。"王老师伸出手像当年在学校那样摸了摸赵轲的头，说："知道自己错了就还是个好孩子。你的人生之路还很长，你是自己人生的主宰，虽然你已经错了一次，但只要付出更多的努力，还是有希望改变你的人生的。"

赵轲抬起头，看着王老师问："王老师，我该怎么做才行呢？我真的很迷茫。""首先你要自律，自己控制自己的行为，不能再懒散地随波逐流。你要做的第一步就是安排好自己的时间，把大学的东西再学一遍。我相信凭你的能力，只要能够控制自己的行为，肯定可以的。”

回到家后，赵轲拿起尘封的大学课本，很多书跟新的一样。他惭愧不已，暗暗下决心要认真重读，他相信凭借自己的能力一定会跟上同学们的脚步，不会让未来的自己后悔。

每天清晨，他 5 点就起床，开始研读课本。下班后他不再跟朋友们出去说着无聊又空虚的话语，而是利用一切时间学习，半夜才睡觉。

刚拿起课本时，他根本看不下去，那些文字像小虫子一样爬行在他的眼前，让他厌烦。可是当他拿起手机，看到微信朋友圈里昔日同学的动态，他便坚定了自己的目标，继续坐在桌前压着自己繁杂的思绪，集中精力看着眼前的书本。慢慢地，他进入一个安静的环境，书中的文字也清晰起来。

一年后，他果断地辞了职，申请香港的大学继续深造。求学期间，他一边读书一边研究金融保险知识，靠着聪明的头脑，丰富的知识和自律的习惯，迅速抓住商机，开展自己的事业，建立了自己的公司，再一次收获众人羡慕的眼神。

人生没有固定的模式，只有在绝望的边缘走走停停，经历过漫无边际的虚空和黑暗才会奋起直追，明白自己的人生只有自己才能主宰，旁观到最后还是只能靠自己努力才能改变。当我们大彻大悟时，才能够按下自己烦躁的心，用自己的力量去改变自己的生活。

世界很大，生活很复杂，想过上自己喜欢的生活，就要鼓起勇气付出努力去做自己应该做的事，不要等到生活越来越迷茫时才想到改变，我们内心的渴望只有我们自己最了解。

网络上流传着这样一段话：你不去旅行，怎么看到世界的美好？你不去冒险，怎么知道生活的美好？你不去拼一份奖学金，怎么证明你的知识渊博？你整天挂着QQ，刷着微博，逛着淘宝，玩着网游，干着老年人都会做的事，你要青春干吗？

锦瑟流年，岁月蹉跎，在应该吃苦的时候选择安逸，错过人生旅程上最难得的吃苦经历，就会一无所获，成为别人生活的旁观者，碌碌无为地度过自己的一生。只有奋起直追，付出比别人更多的努力，用自己的力量改变自己的生活，你才能成为自己人生的主宰者。

告别人生阴影，努力创造不一样的生活

人生，总是会遇到很多来自外部的打击，让我们沉沦在失败的阴影下，放弃努力和挣扎，辛苦地活着。其实，告别阴影最终的决定权在自己手上，最好的医生还是自己，只要努力想办法从失败的阴影中走出来，面对多姿多彩的人生，我们会发现生活可以不一样。

小时候，奶奶做过一个试验。她用自己灵巧的双手把纸折成一条长龙。晚上，她拿出事先捉的几只蝗虫放在纸长龙里面的中间位置，两边的龙头和龙尾都没有封上。第二天，奶奶指给我看，纸长龙里面的蝗虫都死了。

我奇怪地问奶奶：“蝗虫怎么不逃出来，全部死在里面呢？”奶奶告诉我：“蝗虫的性子比较急躁，会不停地弹跳。虽然他们有铁钳一般的嘴巴和锯齿般的大腿，但是他们只知道挣扎。纸龙的两边都有亮光，它们就不知道往哪边走，也没有试过用嘴巴去咬破这个纸做的长龙，最后只有死亡。”

我奇怪地看着没有封起来的纸长龙，感叹它竟然能困死几只活蹦乱跳的蝗虫！奶奶又拿了几只差不多大小的蝗虫，放到之前的位置，然后把龙头用胶封起来。这时，奇迹出现了，刚放进去的蝗虫

从龙尾的方向爬了出来。

人生的命运都藏在自己的思想里，每个人的人生都会遇到低潮期，生活在阴影下。人生的阴影并不是某个人特有的，不会因为某人天生条件不同而变得不一样。

蝗虫看到两边都有亮光，就急躁起来，它们不知道出路在何方，只能在原地拼命挣扎。它们没有想过，只要用自己锋利的嘴巴和锯齿般的大腿弄破纸龙，就可以开创新的生活。直到别人为它们找到出路，只留一个洞口，它们才会奋然前行，直到走出去，离开阴影的笼罩。

北漂的孙玲突然回到小县城的父母家，蜗居了几个月，看着她在朋友圈里发的照片是家乡的景色，我发消息问她才知道她回来了。

很快我就来到孙玲家里，看到她正安然地窝在床上看小说，好像我们初中时一起头并头、肩并肩坐在一起看书的懒散样。

我的到来让她很高兴，急忙请我进屋，说："哪阵风把你给吹来了？也不提前发个信息说一声，我万一不在家呢？"我笑着回答说："顺路过来看看你，你不想我，我可想你这个远在北京发财的老友啊。"

孙玲请我坐下，然后摇摇头说："哪里发财啊，北京又不是遍地黄金，等着我去捡，我现在是灰溜溜地回来，钱没有挣到，时间也浪费了。”

“你在北京做什么呢？那里到处是人才，千军万马过独木桥似的，最不缺的就是人，你一个女孩子没事跑到那边找罪受。”我用恨铁不成钢的语气说她。

小时候，我跟孙玲住同一个院子，低头不见抬头见，经常相约一起上学。她还有个外号叫“半吊子疯丫头”，因为她根本坐不住，总是会搞个小小的破坏，让周围的人看到她的存在。

“半吊子，脾气倔，执拗起来，九匹马都拉不回来！”说着她仿佛回到无知无畏的小时候：“就我这样的还跑去跟别人一起创业。”我吃惊地抬起头看看她，问道：“你才多大啊，就开始创业了？”

她好笑地回答我：“创业又不分年龄大小，得看能力如何。其实我的能力欠缺很多，但我就是那种自不量力的人，总觉得事情会向着我预想的方向发展，最后却与我的预想背道而驰。”

孙玲说她喜欢北京城，所以毕业后，她跟我走上两条路，我留在静谧的小城镇，而她飞向大城市。那里有最漂亮的裙子，最可口的食物，最流行的时尚。

有时候改变就在一瞬间，需要一个契机。

因为离家比较远，每天都要乘坐拥挤的地铁，她准备换一份工作，来到一家加上她只有四个人的小公司。

时间很快地过去，小公司研究的一款新型的互联网社交产品初具雏形，公司老总郑重其事地约孙玲吃饭。席间他们畅谈人生，老总一直想创办自己的公司却始终没有成功，而孙玲只想拼搏几年，体会现实的人生，挣很多的钱，疲倦的时候就告别这里的一切，回到家乡做自己喜欢的事，开间小书店，写自己的文字，悠闲度日。

对于她的理想，老总好笑地说：“年轻人，在实现终极理想之前，还是先做些能让自己生活得更好的事吧。”孙玲疑惑地看着他，问道：“我能做些什么呢？”老总说：“跟着我一起合伙创业，把我们新研制的东西做出来。”

当时，孙玲心中涌起一股自豪的感觉，虽然她心里明白，自己的业务水平不是很高，她也知道创办一家公司有太多的不容易，可是趁着年轻打拼一下，就是她来北京的目的。

很快，孙玲就拿到了联合创始人的股份证。当她站在大厦的顶楼向下张望时，看看繁忙的街道和摩肩接踵的人群，再抬头看看蓝天，觉得自己的青春正像花一般盛开。她想向人们宣布，她在 21 岁时就拥有了自己的公司。

新公司创建之初波折不断，在他们四个人的努力下，一切还算顺利，很快就拿下了总额 200 万元的投资，分期付款。

“我还记得当第一笔款项下来时，我们去购买公司办公用品的情形，仿佛布置我们在北京的家一样，事无巨细地准备。”回忆让孙玲脸上洋溢出笑容。

产品上线的第一天，四个人都非常开心。看着自己的成果上线有人来测试，自然非常兴奋，可是又担心它会有不足之处或者因为网络环境出现故障，但最终他们的项目成功了。

生活总是在不经意间给人打击。因为是原创品，短期内根本看不到效益，出于盈利方面的考虑，这个项目夭折了。孙玲的生活像北京的雾霾变得灰蒙蒙的，陷入僵局。

对于失败，她是这样认为的：团队控制能力不足，还没有绝对的把握就开始制作理想中的产品。在这个世界上没有无缘无故的好，所有的意外早就有迹象显现，只是他们箭在弦上不得不发。

当时，孙玲非常迷茫和焦躁，克制不住心中的压抑和委屈，辛苦了那么久，最后却一场空。福无双至，祸不单行，长时间为自己的小公司打拼，工资都没有到账，房租也没有钱交。工作的烦恼、房租的压力、雾霾的天气，让她都喘不过气来。她想离开，在她的眼里一切都糟透了，她想离开这个让她悲伤的地方，但是就这样回去，她又不甘心。

年轻的孙玲沉不住气，在老总面前把一切委屈都说了出来。老总说："那你回去休息一段时间吧。"孙玲不好意思地说："我不敢回去，我害怕别人的眼光，害怕别人说我无用，同乡都知道我来北京挖黄金。"

老总不禁笑起来说："你这就是小孩子哲学。"看着眼前的老总，想着倒闭的公司，他占有更多的股权，为产品付出大量的精力和金钱，可是最后却血本无归，没有任何成就，受伤最重的应该是老总，可是他却始终保持着微笑。

他没有被创业的失败打倒，依然笑容满面地安慰孙玲，看着他从容的笑脸，孙玲佩服不已。在老总的开导下，她的心情也慢慢平复下来。

"所以我回来了。我努力过，我现在正努力创造心中的书屋，告别曾经的阴影，开始另一段不一样的人生。"

人生不可能一帆风顺，总有不一样的困难险阻挡在我们面前，我们的人生就是在成功和失败之间交替，时间就在交替中流逝。挫折是人生必经之道，不管成功与否，我们都不要停下追求的脚步。只要自己追求过，奋斗过，就会让生活充满激情和快乐。

为了自己的梦想，努力拼搏

在快节奏的现代社会中，为了生活四处忙碌，人们还能想起自己最初的梦想吗？小时候，经常会被人问起长大后想做什么，那时只是看着身边那些让自己羡慕的人说着自己幼稚的想法，那时只是想着自己长大后可以成为自己喜欢的人或者做自己喜欢的事。

长大后，迷失在现实生活里，梦想变得遥不可及，只有在看到别人完成梦想时，才从现实中清醒过来，想着自己的梦想在哪里，问自己：我有过梦想吗？

梦想成为一名教师，站在讲台上苦口婆心地教育下面的孩子，指挥他们做各种事情，可以把他们捧上天，不停地夸奖，也可以因为他们成绩不好，拖了班级的均分，扣了老师的奖金，就把他们训斥一番，发泄心中的怒气，无视他们的小成就。

还曾梦想成为医生。生病时的疼痛根本忍受不了，医生准确地找到痛处，药到病除，让我回到幸福的生活里，当时就想成为一名医生。可是最终被现实打击，千军万马过独木桥，被挤到桥下，连卫校都没有上成。

如今生活在尘世里，梦想早就成为明日黄花消逝在岁月中，而生活还要继续。偶尔问自己是不是还想成为教师或医生，好像也不想了，那只是小时候的梦想。现在的梦想，就是为了家人，为了自己的幸福好好地活着；不实际的梦想就是能够拥有很多的金钱，可以带着家人周游世界，做自己想做的事情。

电视剧《浪花一朵朵》中，男主唐一白想取得大学生游泳联赛的胜利，背后付出很多努力，女主实习记者云朵用视频记录下了他高强度训练和备战的场景，让荧屏外的我深刻地感受到，想成功要经历太多的磨难。

苦难不仅是身体上的，还有现实中太多的抉择和纷扰，想坚持到底完成自己的梦想并不容易。现实中，两个年轻人接触越来越频繁，暗生情愫。人们劝告唐一白，如果想取得最终的胜利，就要放弃爱情。

唐一白的梦想中不仅有游泳还有自己的爱人，所以他选择和云朵一起面对困难和阻碍。他继续在泳池中拼搏，为了自己的梦想而拼搏，也守护着自己与云朵纯真的爱情。

只有拼搏才能完成自己的梦想，这是谁都知道的道理，可是真正能做到的人却不多。对大多数人来说，最后梦想还是梦想，只是在现实生活中挣扎后抬起头看着别人拥有梦想中的生活时，会说："我的梦想就是这样的生活，现在迟了。"

想到就去做，一切都不会迟；只是想而不做，一切都是空。年纪越大梦想就会离得越远，最后只能成为梦。偶尔想起最初的梦想时会感到心里有一点疼痛，然后继续为了生活而低头忙碌，忘记了自己，忘记了自己还有梦。

我的好友陈新艳在很小的时候，看着电视上的旅游频道，那些多姿多彩、千奇百怪的风景和民俗，让她心存向往，她的梦想是周游世界。对于出生在小县城，父辈们连省城都很少去的人来说，走出国门就是天方夜谭，当陈新艳把这个梦想说给家人听时，得到的更多的是打击。

为了自己的梦想，她努力学习，一路考到省城的大学。她参加学校的外语学习课程，有些国家的语言学校没有开课，她就去社会上开办的培训班报名，用自己做兼职的钱交学费，她在为她的梦想做着必要的准备。

别的同学在花前月下时，她在背外语；别的同学相约去旅游时，她还在背外语。大学四年，她掌握了除英语这门必需课之外的三门外语，虽然还达不到熟练的程度，但与外国人简单地沟通没有问题。

大学毕业时，陈新艳以优异的成绩、流利的外语，得到多家外资企业的青睐，可让人们大跌眼镜的是，她进了一家普通的旅游公司做实习生。人们用世俗的标准压制着她，告诉她应该去外企做白领，有前途，有钱，还可以做个优雅的女人，遇到一个好男人谈场快乐的恋爱，然后进入婚姻，这才是标准的生活模式。

可是陈新艳不愿意，她已经准备好开始实现自己的梦想，去世界各地旅游，丰富的专业知识和流利的外语使她具备出游的基础条件，她还需要学习更多的旅游知识，而旅游公司是最快最直接的渠道。

半年后，陈新艳辞职离开旅游公司，踏上了自己梦想的旅途。她从国内开始行走，拍了很多漂亮的照片上传到网络上，引起人们的关注和喜欢，甚至有人愿意出钱去购买，还希望她能够拍出更多具有这种独特风格的照片。

陈新艳成功了，她走在自己喜欢的旅程中，用自己的照片和文字赚取继续行走的经费，从国内一直走到国外，路越走越宽，人也越来越漂亮。

当陈新艳站在外国的星空下，看着夜幕中的月亮，拍了张照片发到朋友圈，感慨地说："外国的月亮不一定比中国的圆，但还是具有自己的特色。走出去，近距离观赏外国的月亮，看着天空的蓝天白云，想着自己的人生，别有一番风味。活得有价值才是活得好。"

有人在她的微博里说她是纨绔子弟，整天就知道吃喝玩乐，到处溜达。可是很多人只是看到她光鲜的外表，还有四处游玩的惬意，却没有想过在该努力的时候，她付出的辛苦。现在是她收获的季节了，她过着自己想要的生活，完成了她的梦想。

陈新艳小时候跟家人说起自己的梦想时，大人们都告诉她，她的梦想是不可能实现的，可是她知道只有学习很多知识，才能够帮助她完成梦想。实现梦想只有靠自己，只要通过自己的努力奋斗，梦想并不是那么遥不可及。想被别人肯定，得到别人的赏识，完成自己的梦想，站在缤纷的舞台上，就要付出超出常人的努力。

记忆中有一年的春节联欢晚会上，舞蹈《千手观音》给很多人都留下深刻的印象。让我记忆深刻的原因之一，就是这场精彩的舞蹈是一群聋哑人跳出来的，可以想象得到其中的辛苦。如果不说，谁也看不出来她们是聋哑人。我们看到的是精美的舞蹈，看不到的是这些舞者背后的汗水和泪水。

《千手观音》是当年春晚上最美的瞬间，领舞者邰丽华就是这场表演的灵魂，是她带领着20位聋哑演员经过千辛万苦走到台前，让人们看到她们精彩的舞蹈，让世人记住她们——一群不服输的女人。

邰丽华自两岁时因为药物的原因失去了听力，就一直生活在无声的世界里。幼小的她并不知道自己与众不同，直到五岁时跟小朋友们玩辨别声音的游戏，她才意识到自己是聋哑人。亲朋好友怜悯的眼神让她明白，自己是特殊的。

当聋哑小学的教师踏响象脚鼓，把震动的感觉传达给她时，她惊呆了，她感到有节奏的震动通过双脚传遍全身，打破了她安静的世界。她感觉有种幸福感突然撞击着她的心，她觉得这种震动是世上最美妙的声音，她想跟着这个节奏舞起来，来表达自己内心的快乐。

一个聋哑人学习舞蹈谈何容易，其中要付出的艰辛可想而知。因为听不到音乐，邰丽华只能靠教练的手势和自己的感觉去跳，身上经常摔得青一块紫一块的。但她没有退缩，继续在舞台上舞着，因为舞蹈是她与外界沟通的语言。通过努力，她舞到了艺术的殿堂，获得了世人的瞩目。

如果邰丽华不是聋哑人，也许她会有别的成就，也许只是普通人中的一员。只是因为她听力受损，成为一名聋哑人，反而激起她为了自己的梦想努力拼搏的勇气，在某一个时刻成为世界的焦点，也让世人记住了她。

每个人都有自己的梦想，只要不放弃它，努力坚持，不怕困难，锲而不舍地做自己想做的事，总会有成功的那一天。

遥望未来的你，奋斗在今朝

现实中，没有人可以给你一把打开成功大门的钥匙，你必须自己配这把钥匙。为了配这把钥匙，你需要学习很多知识，流下很多汗水。有人说：“昨天已经过去，明天还没有到，奋斗在今天！”昨天钥匙没有配好，那今天就要努力奋斗，为了明天能够用自己的钥匙打开成功之门。

遥望未来的你，过着自己想要的生活，但现实中为了实现自己的梦想，还要努力去奋斗。奋斗之路并不是一马平川，更多的是崎岖坎坷，没有人可以为你除去肩上的重担，一切只有靠你自己，一步一个脚印地走向未来。

奋斗的路上有很多人同行，现实中大多数人都起早贪黑地忙碌着，为了未来的美好生活努力奋斗。可是有些人轻松愉快地做着自己的事情，还可以早一步得到他们想要的成功；更多的人则忙得疲惫不堪，活得苦不堪言，羡慕着别人的成功，抱怨着自己的无能和辛苦。

我们可以暂时停下奋斗的步伐休息几分钟，停止无休止的抱怨，认真思考自己努力的方向，选择性地继续向前，避免走到弯路上，付出更多的努力，让自己痛苦。那些轻松地工作和生活的人都是善于思考和总结的人，他们知道人的时间和精力是有限的，总会遇到失败和挫折，他们会停下脚步，寻找到自己的缺点和不足，调整自己的方向，继续向前。

有这样一个故事：张三和李四在路上闲逛，突然暴雨来临，张三拔腿就向前跑，回头一看，李四还是原来的步调，不疾不徐地向前走着。张三等李四走近，很奇怪地问他："雨下这么大，你为什么不跑呢？"李四安然地回答："为什么要跑呢？难道跑到前面就没有雨了吗？反正到处都是雨，我又何必浪费力气去跑呢？"张三哑口无言。

两人说得都有道理，只是反映了两种不同的生活态度罢了。人生没有绝对的正确或者错误，每一个选择都会带来相应的结果，我们未来的生活就看你现在的选择，注定未来是什么样的人生。

张三积极面对人生的各种困难，努力争取早点结束困难，寻找没有雨的地方；李四消极地对待困难，选择接受困难，就算被折磨得痛苦不堪也只是被动地承受。同样是在雨里，张三有选择的权利，在生活中占主动地位，而李四没有选择的余地，他的人生注定是悲剧，处于被选择的地位。

向着梦想奋斗的张三勇敢地面对困境，接受挑战，努力去解决问题，对于前方充满希望，懂得为自己创造机会，积极主动地靠近成功；漫步的李四，消极地对待困境，遇到问题就妥协，丧失成功的机会，逆来顺受的个性让他只有碌碌无为地过完自己的一生。

17岁的刘雯从职业学校导游专业毕业，对于前途她是一片渺茫。一次偶然的机会，她在新闻上看到“湖南新丝路模特大赛”的招募启事，奖品是一台笔记本电脑，这是她梦寐以求的东西。她的父母都是普通的工人，家里条件不是很好，所以她想靠自己的能力拿到这台笔记本电脑。

当她报名参加比赛时，朋友们问她：“你都没有学过模特，怎么敢报名，你敢走上那个众人瞩目的舞台吗？”刘雯回答：“家里条件不好，我不能总向爸妈伸手，为了我心爱的笔记本电脑，我会有勇气站在T型台上。”

那年的新丝路大赛，刘雯披荆斩棘，过五关斩六将拿下第一名，也如愿以偿地拿到了那台笔记本电脑。有人说她只是运气好，可是人们没有看到她背后为了成功付出的努力，还有她遇到困难的时候，靠着自己的能力战胜困难的勇气。

拿到大赛的第一名，刘雯才仿佛明白未来的自己是属于T型台的。于是，刚毕业不久的职场小白，收拾东西坐了十几个小时的火车到达北京，开始了自己的模特生涯。当时天气很冷，从小城市走出来的她穿着臃肿的羽绒服和土气的毛衣去面试，直接被拒绝，说她长得不好看，走的台步也不佳，不是做模特的料。

初到北京的她因为贫穷没有钱买好看的衣服，甚至没有一个温暖的住处，但她还是为了自己的未来努力，四处奔波，寻找着与模特相关的工作。最终她做了“模特替身”，就是给主角们试穿衣服，代替主角们去走位，这才勉强在模特界留了下来。

父母进京来看她，找到她的住处时不禁心里难过，狭小的居室里面只够一个人容身，而且那段时间她的工作非常繁忙，不是替人走位，为人试衣，就是把自己关在居室里，一遍遍地研究如何摆拍，练习如何提高自己的时尚感，忙得不亦乐乎。

可是父母看着心疼，劝她回家，找份工作过着舒适的生活。可是刘雯不愿意，她对父母说：“我可以输，但我不能放弃！”她不放弃自己的梦想，穿过努力的汗水，她仿佛看到未来那个站在 T 型台上叱咤风云的刘雯，而她现在要做的就是努力奋斗。

机会总是留给有准备的人。在一次代替主角试衣时，一位著名的艺术顾问让所有的模特把手放在口袋里面，大家都照做，顾问一眼就感觉到刘雯的与众不同。用顾问的话来说：“只是一个简单的动作，可是刘雯做的好像会发光。”

从此刘雯一发不可收，抓住机会开启了辉煌的模特生涯，奔波在每一个城市，其中的辛苦不能为外人道，用刘雯的话来说：“每一个城市都留下我的血泪史。”

刚到时尚之都米兰刘雯就开始哭鼻子，三斤重的模特教本整天抱在怀里，还要应付各种面试。她的英语不是很好，意大利语根本听不懂，只能一个人站在后台琢磨模特的动作。她没有放弃，因为她知道，只要她坚持下来，总有一天会看到成功。

技术上的成功不代表她可以在时尚圈里游刃有余，当时国际时尚圈比较歧视亚裔模特，品牌公司都拒绝邀请刘雯走秀。可是刘雯没有放弃，在一次面试时，对方只给她 5 分钟的时间，她来不及换高跟鞋，就赤着脚保持微笑在冰冷的地板上走了几个来回。

对方被刘雯的敬业精神打动，也认可她的专业水平，可以说就是这次光脚的分秒必争，让她获得了参加大秀的资格，并且赢得了她在国外秀场的第一场大秀。此后，她没有停下前进的步伐，一年走了 144 场秀，拿下 72 场大秀。这些简单的数字就可以显示出她的辛苦。这么多次走秀，她都没有出过错，在模特界真的很难得。

刘雯靠着自己的努力成功了，在全球模特收入榜的统计中，她与世界顶级模特米兰达·可儿、凯特·摩丝并列第三，更多模特界的大奖也被她囊括怀中。

各种光环笼罩下的刘雯没有迷失自己的本性，她看到未来的自己，现在努力做好每一件事。脱下高跟鞋的她就像个邻家小女孩，不工作时，她说自己就是一个普通人，始终知道自己的责任，踏实做好自己的事情。

一个人的美是天生的，可是成功者的美与身份、地位、妆容没有关系，那是从内心散发出来的美感——为自己的梦想和未来不顾一切地做着自己应该做的事，在繁华面前依然可以安之若素，宠辱不惊地过着自己想要的生活。

有个人总是听到别人抱怨现在的工作，他就问那些人：“如果现在让你们在众所周知的岗位上选择，你们想换到哪里去呢？”结果只有一两个人提出个模糊的方向，而其他人则迷茫地说：“我不知道。”

我们好像复制品一样，不停地复制着别人的行为，从很小的时候就开始上兴趣班，上学，跟同学们相似的成绩，跟同龄人差不多的工作，仿佛一个无形的框子束缚住我们，让我们按着一定的模式生存。

当我们习惯了这种生活后，突然有一天，有人说“你们可以自由选择你们想要的生活”，我们却开始迷茫了，不知道自己该做些什么。就好像跟着头鸭走的一群鸭子，只要偏离队伍就会被呵斥着回到队伍里。结果有一天，头鸭告诉后面的鸭子：“这片天空都是你们的，你们有翅膀，尽情地飞吧。”可是它们的翅膀已经成了摆设，再也飞不起来了。

遥望未来的自己，想达到梦想中的生活，就要从今天、从现在开始努力奋斗，只有这样，等到自己垂垂老矣时，才能跟自己的后辈说起自己的精彩生活。

在艰苦的前行中倾听自己内心的声音

我们生活在一个喧嚣的城市，每天为了生活四处奔波，不仅要满足自己的物质需求，还要照顾到亲情、友情、爱情等。偶尔在忙碌的间隙抬起头，静下心来倾听内心的声音，真想给自己来一场说走就走的旅行，逃离现实去追寻自由、宁静的生活，享受独处的时光。

女医生如果是西安人，家在终南山附近，在休息的时间经常去终南山游历。每一次游历终南山都会让她有种亲近感，仿佛这里才是她的家，可以让她逃离城市的喧嚣，静下心来过自己想要的生活。

当她的父亲患上尿毒症时，身为医生的她眼睁睁地看着父亲经受病痛的折磨，却束手无策，她陷入深深的痛苦中。她说："我们是俗世中的普通人，每天为生活而忙碌，但是在疾病面前，一切都会停下来，任何纷争都是虚无。父亲的病让我学会了珍惜生命，学会了包容这个繁杂的人生，也看清了很多东西。"

女医生有个幸福的家，有位爱她的丈夫，支持她的一切决定。现实忙碌的生活让他们在各自的工作领域里奋斗，晚上回到家都疲惫不堪。相爱的夫妻相聚的时间并不多，只能抱歉地互道晚安，养足精神准备第二天职场的拼杀。

忙碌中，女医生想起父亲的病，还有自己爱着的人，她的梦想是与相爱的人在喜欢的地方一起过着无忧无虑的生活，而不是在尘世中不停地忙碌，然后身患重病等待死亡的来临。也许是听到了心底的声音，感受到终南山灵气的召唤，她做了决定：把家搬到终南山里面，与相爱的人长相厮守，为家人提供一个养生的环境。

终南山是道家圣地，有“仙都”“天下第一福地”之称。这里群山起伏，连绵不绝，幽雅宁静，空气清新，还有很多道家讲道的建筑。从古至今有很多人到此隐居，重返简陋的原始生活。

既然决定了就要去做，夫妻俩开始在终南山寻找合适的地方，终于在半山腰租到一处理想的住所，那是一座两层的小楼，楼前还有一个待开发的小院子。

经过他们简单的整理和修饰，小院在竹林的环绕下显得格外别致。他们在院落门口老式的木板门上贴上一副对联：“归园山居烹药引，竹影花香静炼丹。”门头上挂一块木板，上面写着“如果医庵”。这里就成了他们在终南山的家。

女医生毕业于医学院临床医学专业，在医院里工作三年后选择了停职进修，丈夫周杰在西安做生意，有自己的小公司，只要维持现状每个月都会有固定的进账，他们没有太多的后顾之忧。作为一名精通草药的中医，女医生进入终南山的新居后开始采药、熬药、治病救人。

说容易并不容易，有人说女医生没有行医执照，属于非法行医。女医生的丈夫回答道："城里的生意足够支撑山里的开支，而且住在山里基本上没有需要用钱的地方。这里自然环境非常好，我们可以自给自足，就是不行医，也可以生存。"

山里湿气比较大，村民们患风湿病的很多，女医生不忍心看着他们被痛苦折磨，才萌生出给人看病的念头。

一位熟识的老军医给她开了治病的药方，她就地取材，在山里采摘合适的药材进行熬制，送给当地的村民，分文不收。村民们过意不去，想付钱给女医生被拒后，就想办法帮女医生采摘些草药送过来，还会送些家里的土特产。

在终南山采药时，女医生曾经遇到一位云游的出家人，向她传授了些养生疗病的心法，经过她几年的使用验证了效果，才发现自己遇到过高人。

每天，女医生给上门求医的患者诊断病情，给他们些自己熬制的草药，然后就去后山采药材。门前的柿子树、核桃树和杏树，都是出自丈夫的辛苦劳作，馈赠给他们春华秋实。闲暇之时，两人相伴着看书、品茶，茶具和瓷器是女医生的最爱。在时光静好的山里，相爱的两个人互相陪伴，春去秋来，女医男耕，度过人生的七年之痒。

住进山里的夫妻俩失去高额的收入，同时，也没有了各种应酬、交际。辛勤的劳动让他们不仅有了健康的身体，还从大自然获得蔬果和谷物，让他们自给自足，过着神仙眷属般的生活。

在他们的生活被世人羡慕的同时，指责的声音依然会出现，有人说他们是逃避现实，逃到山里颓废地活着。女医生的丈夫回应道："我们住进山里只是逃离城市的拥挤、污染还有呛鼻的雾霾，当然还有那些地沟油和垃圾食品，让我们的生活节奏慢一点。"

山里没有菜市场，有的是无污染、原生态的食物，各家种的瓜果蔬菜；这里没有市场，不需要买名贵的衣服和鞋包，女医生向村民们学习，用织出来的粗布给自己和丈夫做衣裳。

丈夫有时会去镇上买些家庭必需品。一次，他在地摊上给自己心爱的人买回一对银铃耳坠，成为女医生的宝贝。女医生珍藏着母亲出嫁时的红色木制首饰盒，在远离尘世的浮躁后，静下心来在闲暇时收藏些带着岁月痕迹的老物件，让她整个人都感觉舒畅。她把丈夫送她的银铃耳坠放进古老的红色首饰盒里，格外漂亮。

终南山里没有化妆品，没有美容院和健身房，只有清泉、甘露、阳光和令人沉醉的清新空气。曾经在快节奏的生活里跟丈夫的摩擦和矛盾也随着山间的一缕清风消失，曾经困扰她多年的耳鸣也不治而愈，年近不惑的女医生拥有让同龄人羡慕的容颜。

城市里的女人用各种昂贵的化妆品精心地打扮着自己，给不用心或者没心的人看；在这里，她素面朝天，面对着一个全心全意看着她、爱她的人。

生活总是会带给世人辛苦和磨难，山里的生活没有城里舒适，需要付出很多努力才可以存活，年迈的父母离不开方便快捷的城市，年幼的女儿在城里上学，这一切都是他们无法割舍的牵挂。

夫妻俩相扶着走在艰难的人生旅途中，他们倾听自己的声音，听从内心的安排，做自己想做的事，在空气清新的终南山为亲朋好友建立了一个世外桃源。

每年夏天，夫妻双方的父母，还有丈夫的外婆，五位老人会带着亲戚朋友家的孩子来到这里跟大自然亲密接触。他们呼吸着山里的清新空气，吃着无污染的食物，自由自在地玩耍。

夫妻俩尊重女儿的意见，让她自己选择自己的生活。女儿没有参加辅导班，也没有去人挤人的景区，愿意跟着父母在山里度过自己的假期。她帮助母亲采摘药材，跟在父亲后面看护果树，享受着天伦之乐。

有人问女医生会在终南山住多久，她回答道：“也许会住很久，现在房子和院子都收拾得有模有样，趁着我们还年轻，多些经历，年老时才会有更多的回忆。”

当人们在城市里奔波，被生活逼得苦不堪言时，看看这对夫妻的生活，感觉非常羡慕。但是他们没有勇气丢下工作去山里居住，也没有勇气和能力靠自己的力量在山里存活。

生活中充满各种选择，我们经常会走到人生的十字路口，对于何去何从充满迷茫。选择权在我们手里，选择随波逐流，还是选择努力活出自己的精彩？曾经的每一次选择决定了我们现在的生活。大多数人对自己的幸福熟视无睹，却羡慕别人的生活。

看过一段微电影：一个穷孩子在公园里玩耍，可是他的鞋是破的，跑不快，跑动时经常被自己的鞋绊倒。同伴们常常笑话他，都不带他玩，他只有孤独地走进树林，愤怒地看着自己脚上的鞋子。

树林里有一个供人休憩的长椅，一个衣着华贵的男孩坐在椅子上，羡慕地看着眼前奔跑的人们。穷孩子看到长椅上的男孩，也看到他脚上那双锃亮的皮鞋，非常羡慕，他想变成那个有好鞋穿的人。

突然，镜头一晃，穷孩子变成富孩子坐在长椅上，穿着锃亮的皮鞋。他非常高兴，但是他发现这个有好鞋子穿的男孩腿部有残疾，无法正常行走。那位富孩子变成了穷孩子，兴奋地穿着破鞋子向远处奔跑。

选择一种生活状态的同时也会放弃另一种生活状态。在艰苦的生活旅程中，我们不妨静下心来倾听自己的声音，跟随自己的内心，找到自己的生活方式。每个人都有属于自己的幸福，安心享受自己的生活，为了自己选择的生活而努力奋斗，这才是人生的快乐之道。

第五章

努力到无能为力，拼搏到感动自己

每个人都会有好运气，但是要伸出手去抓住幸运，一次没抓到，下次继续，只有具备足够的能力和耐力，为了自己的目标坚持到底，才能得到自己想要的成功。你不伸出手，上帝也没有办法帮你。

不要在成功的巅峰迷失自己，陷入平庸

对很多人来说，成功就是达到自己理想的目标，有很多的钱或者很高的地位。每个人对成功的定义并不相同，但是达到成功的方法只有一个，那就是付出常人所不能付出的努力。

人们最大的成功应该是能够正确地看待自己，就算被闪烁的镁光灯迷惑了眼睛或者被名利纠缠而迷失自己，也会迅速找回自己，避免陷入平庸。

最经典的例子就是巨人集团的创始人史玉柱，他靠借来的4000元在4个月里赚到100万元，成为创业者的传奇。在改革的浪潮里，他如鱼得水地创造了一个又一个奇迹。他销售电子配件，创立巨人公司，当选“中国十大改革风云人物”，并且被《福布斯》杂志列为中国内地富豪第8位。

那一年，他刚刚30岁，一系列的荣耀和大量的金钱令他开始自我膨胀，觉得自己无所不能。他没有停留在原有的基础上继续稳定发展自己的企业，做与电子相关的产品。凭借敏锐的眼光，他判定电子产品最辉煌的时代已经过去，可以翻几倍地进行销售的机会不会再有。

他觉得房地产业和保健品业有很大的发展前途，于是在他事业的巅峰时期开始在珠海建造巨人大厦，并且投资5亿元进军保健品市场，走多元化发展的道路。

从电脑到保健品，史玉柱投入大量的资金去运作，对房地产投资一窍不通的他按照自己的想法，把一个设计高度为18层的楼房建造成72层的巨人大厦。这一系列决定让他从成功的巅峰跌入事业的低谷。

史玉柱想尽一切办法也无法填补巨人大厦的经济黑洞，公司垮台时，欠了很多外债，史玉柱沦为“最穷的人”。一个企业在他的决策下迅速成长，又在他的决策下盛极而衰。如果当时他保持清醒的头脑，不在巅峰时迷失自己，完全可以赚取更多的钱。

巨人不愧是巨人，具备强大心理承受能力的史玉柱并没有倒下，他向朋友借了50万元，带领一批老员工开始启动脑白金市场。最初在江阴投放了10万元广告费，迅速影响到周边的城市，带动了整个江苏市场。他的每一次投资都收获了巨额回报，不能不说史玉柱就是一个商业奇才。

那个时候网络还没有现在这么发达，人们的业余生活就是看电视，走在楼道里经常能听到那句经典的台词：“今年过年不收礼，收礼只收脑白金。”打开电视就是两位喜气洋洋的动漫老人跳着欢快的舞蹈，很能吸引人们的眼球，也带来一阵购买脑白金的热潮。

不轻言放弃的史玉柱在短短的两年内，就把脑白金打造成中国保健品的名牌产品，获得全国保健品单品销售冠军，创造出年销售额 10 亿元的奇迹。他成功地还清了所有的债务，用自己的行为告诉世人：“追求诚信才能够东山再起。”

史玉柱就像一个巨人般再一次站起来，更多的花环和荣誉飞向他，他当选“CCTV 中国经济年度人物”。赚取足够的钱之后，他开始闯入网游界。他的爱好就是玩网游，公司里面的董事找他的时候，他都在玩网游。

他接受上次失败的教训，不再盲目地扩张自己的事业，专心做好每一件事。按他的说法，保健品可以是公司的长远发展计划，而他专注着自己喜欢的事情，把做好网游业当成自己的目标。

史玉柱是名副其实的“巨人”，可以调整好自己的心态从头再来，但很多人从巅峰摔下来后就丧失信心，也没有能力东山再起。俗话说得好：“创业容易守业难。”走上成功的巅峰不容易，能守住这份成功更不容易，要调整好自己的心态，不要让平庸侵蚀你。

国际上知名的社交网站“脸书”的创始人扎克伯格是哈佛大学计算机和心理学系的辍学生。当他跟女友分手后，化悲痛为力量，用了 6 个小时设计出“脸书”的雏形，从产品的设计、开发到上线，都是他一个人敲着键盘做出来的。

起初，他在“脸书”上放两张照片，浏览的同学们可以选择性地投票，最终根据投票结果来排行。这个社交软件一上线，就受到大多数人的青睐，因为参与的人太多，哈佛大学的服务器被冲击，学校只能设置服务器，不许学生进入该网站。

有人指责扎克伯格没有经过本人同意，就把照片放到网站上是侵权行为。很快，扎克伯格对此公开道歉，也获得了同学们的原谅。更多的学生希望他能把这个网站发展成为一个不仅包含照片，还能显示些细节的校内网站。

扎克伯格得到大家的支持非常开心，决定即使学校的服务器无法使用，他也要继续做下去，建一个更棒的网站。

“脸书”这个网站是扎克伯格和几位朋友在闲聊时提出来的，大家对这种新型社交网站都充满希望。当朋友们还在犹豫要不要付出努力，全身心地去制作网站时，扎克伯格已经开始动手做了，并且获得了巨大的成功，同时也被那些无所作为、没有执行力的朋友索赔。

虽然被朋友索赔，但是世人都力挺扎克伯格，人们觉得“主意”只是浮于表面，只有强劲的执行力才能让“主意”变为现实。

朋友们的索赔反而让扎克伯格赢得世人的尊敬，那些索赔的朋友却被世人唾弃，连他们母校哈佛大学的校长都称那些朋友是“蛀虫”。

尽管人们都尊重“主意”，但是停留在文本格式的“主意”很难去界定和保护，只有执行成功，才能够受到世人的认可。不过，善良的扎克伯格还是给了他们6500美元，就算为他们共同的“主意”埋单。本来，他的那些朋友也可以走到成功的巅峰，只是缺乏执行力，最终成为一群平庸的人。

在我们身边也经常会有这样的事情发生。市场里的小李是开杂货店的。第一年，他以每张 10 元的价格进了 200 张草席，很快就以每张 15 元的价格销售一空。他想补货，可是夏季快过去了，厂家已经不再生产，只有等到来年再进货。

第二年，草席的出厂价才 8 元，他被去年的销售业绩迷惑，一下进了 500 张。但是这年夏天，小城里流行竹凉席，夏季快过完了，小李才卖出 20 多张。他只想把这批草席卖掉，赔本也愿意。

第三年刚入夏，他看到人们依然购买竹凉席，决定把自己的草席削价处理，于是挂出告示，上面写着：“草席，每张 5 元。”可是告示贴了很久也没有卖出几张，小李整天看着成堆的草席发呆。

小李的好友强哥看着告示问他：“每张 5 元你不是亏本吗？”小李叹了口气说：“亏本也没有办法，现在 5 元一张都没人要。”强哥考虑了一下说：“你剩下的我都要了。”小李愣住了，用怀疑的目光看着强哥。强哥爽气地掏出钱，数了下往柜台上一放，叫来辆货车，拖上草席就往汽车站去了。

两个月后，炎热的夏季已经过去了，小李看到强哥坐着货车过来，车上放着那堆草席。老实的小李觉得尴尬，强哥招呼道：“小李，草席我又拿回来了。”小李不好意思地说：“这么多草席都没卖掉，是不是没有销路啊？”

强哥笑着说：“我卖它们干吗，明年我还要靠它们赚钱呢！”小李抬起头，疑惑地看着强哥。

强哥跟他解释道，因为省城的天气很热，入夏以后，很多人喜欢到广场的草地上乘凉过夜，外地来的人也喜欢流连在广场上。住在广场附近的居民会自带草席，这给了强哥启发，再看到好友小李为卖不掉草席犯愁，他决定把草席买过来去广场上出租给那些没有草席的人。很快，强哥就把本钱赚了回来，除去各项开支他还大赚了一笔。

听完强哥的话，小李愣在那里，他怎么没有想到这样的办法呢？当他被草席的热销冲昏了头脑，在第二年购买大批的草席，导致货物积压时，却没有想办法去打开市场，只是被动地准备赔钱。

如果能正确地看待自己的能力，就不会在前行中迷失自己，还会让自己走得更远。创业容易守业难，只要付出足够的努力，获得自己想要的成功并不是难事，可是想继续保持这种状态却不容易，如果不继续努力，反而会陷入平庸。

保持上进心，不要让碌碌无为吞噬了你

聪明的人都会有上进心，因为他们有理想、有追求，有明确的目标，明白自己活着的目的。有明确目标会让人活得心里踏实，生活充实，注意力也非常集中，不会被繁杂的事务干扰，做任何事情都充满自信，让别人羡慕。

以英语培训著称的新东方学校创始人俞敏洪曾经参加过三次高考，拖住他成绩的就是他现在最强的科目——英语。

第一次参加高考，俞敏洪报考了常熟市地区师专，当时的英语录取分数线才 38 分，但他只考了 33 分，第一次挑战失败。高考失利后，家里没有给他压力，让他回农村做农活。他的知识水平在偏僻的小乡村还是挺高的，被大队办的学校初中部请去任代课老师。

年轻的俞敏洪站在讲台上，看着简陋的教室里那些如饥似渴地学习的孩子，感觉到自己的知识不够用，无法真正了解学生的心态，只是把简单的知识传授给他们。他觉得自己应该继续求学，经过正规学校的教育才可以问心无愧地为人师表。

他报名参加了高考复读班。家人对他的决定保持着包容的态度，

在他们眼里，孩子有上进心，想成为一名真正的人民教师是一件好事。父母的支持给了俞敏洪强大的自信，可是他的学习基础太差，除了英语他别的科目成绩也不理想，老师对他不抱希望，他只有自己鼓励自己，告诉自己："我可以！"

俞敏洪的第二次高考还是以失败告终，就应了那句孟子的古话："天将降大任于斯人也，必先苦其心志，劳其筋骨，饿其体肤，空乏其身，行拂乱其所为，所以动心忍性，增益其所不能。"

他报考的依然是地区师专学校。在他的努力下，这一次的高考成绩比上次提高很多，总分达到了学校录取分数线。但是他的英语考了 55 分，而师专学校的英语录取分数线是 60 分，他再一次被挡在高一级学府的门外。

这一次俞敏洪没有再犹豫，坚持再读一年高三，付出更多的努力拼命学习。努力总是会有收获，拥有很强上进心的俞敏洪终于得到老师的认可，填志愿时建议他报考北京大学。当时北京大学对语文成绩的要求很高，俞敏洪英语成绩提高了很多，但是语文成绩相对较低，他不敢下笔，还是老师帮他填的志愿。为了报答老师的知遇之恩，俞敏洪疯狂地复习语文，每门功课的成绩都有显著的提高。

第三次高考时，考英语的时间是两个小时，可是俞敏洪用了 40 分钟就交了卷。当老师看到早早离开考场的俞敏洪，一股恨铁不成钢的愤怒让老师失去理智，给了迎面而来的俞敏洪一个耳光，因为老师觉得俞敏洪是有希望上北京大学的人，却这么早交卷，不是题目不会写就是放弃了英语，那怎么能考上呢？但是俞敏洪觉得40分钟足够让他把英语试卷写完，因为答案好像就印在他的脑海里，信手拈来，根本不需要有太多的思考。

8月，“高五生”俞敏洪的同学几乎都拿到了录取通知书，可是他却没有收到，看到同学们收到录取通知书时那欢快的样子，俞敏洪心里特别难受。

一天，俞敏洪和母亲在地里种菜，村大队的人找到他家，告诉他县里有电话找他。他急忙跑到大队，拿起电话，对方是县教育局局长。局长告诉他：“你的录取通知书下来了，在县教育局。”俞敏洪按捺住心中的激动，颤声问道：“请问是哪个学校呢？”局长故意说不知道，想把这份惊喜留给他自己拆开。

俞敏洪以最快的速度冲到县教育局，他看到通知书上写着“北京大学”，当时就乐疯了。回家的路上，他像古时候的秀才范进中举一样，站在马路中间又蹦又跳，抑制不住自己心中的快乐。他的努力终于有了收获，“高五生”考上了中国最具精神魅力的大学——北京大学。

后来，俞敏洪告诉那些要参加高考的后进生：“即使是最后一名，也要保持一颗上进的心。”只要心中充满梦想，付出必要的努力，就可以达到自己的目标。如果只是梦想而不去努力，整天碌碌无为地喊着口号而不去做实事，最终会被残酷的现实吞噬。

俞敏洪是那个班唯一从农村走出来的学生，说着一口家乡话，别的同学都不愿意搭理他，他也没有刻意去结交这些“天之骄子”。别人的冷落让他沉默寡言，就在这段时期，他经历了孤独和寂寞，磨砺出坚韧的品质。

课余时间，他读了大量的书籍，英语反而退居最后，从最初的尖子班，被调到最差的班级。直到大学毕业时，他的成绩依然是全班最后几名，但是他的心态已经磨炼得很好，可以坦然接受自己的短处。

俞敏洪说：“我没有别的同学聪明，在大学期间我从来没有进入班级前40名，总是徘徊在最后几名。但是我从来没有放弃过自己，一天内背不下来课文，那我就用一个星期的时间天天背，达到脱口而出的境界。”

俞敏洪觉得在与同学智商相当的情况下，他可以胜过对方的地方是，拥有更坚韧的毅力，付出比他们更多的努力。大学毕业后，他留校任外语系教师，用自己的上进心，终于达到自己的目标。

他继续向前走着，创办了举国闻名的新东方学校，并且在美国上市，通过他的努力让世人都知道有个老师叫“俞敏洪”。他说：“只要自己不放弃自己，任何人都打不倒你！”

没有人鼓励，就自我鼓励，只有自己才能决定自己的人生之路是走上成功的巅峰，还是被碌碌无为吞噬，成为生活的蛀虫，用羡慕的眼光看着别人取得的辉煌成就。

有个故事说的是有一个小村落，因为连日大雨引起洪水泛滥，开始淹没全村。可是村子里的神父还在教堂里做着祈祷，眼看着洪水就要淹到他跪着的膝盖。这时，一位救生员跑进教堂里对神父说："神父，快走吧，一会儿洪水就会把你淹没的。"神父看着前面的神像说："你先去救别人吧，我的上帝会来救我的。"看着固执的神父，救生员只能转身离去。

很快，洪水淹到神父的胸口，他只好站起来爬到祭坛上。这时，一位警察驾着舢板来到他跟前，说："神父，快上来，洪水一直在涨，你会被淹死的。"神父拒绝道："我要守着我的教堂，我的上帝一定会来救我的，你还是先去救别人吧。"警察无奈地驾着舢板离开，去搜寻别的幸存者。

洪水一直往上涨，一会儿工夫就把整个教堂都淹没了，神父抓住教堂顶端的十字架祈祷着。这时，一架直升机缓缓地飞过来，救生员在教堂前丢下绳梯，对着神父大叫："神父，快点上来，要不就会被水淹死的！"神父意志坚定地拒绝道："不！我要守住我的教堂，我相信我的上帝会来救我。"

洪水继续上涨，固执的神父被淹死了。

神父上了天堂看到上帝后非常生气，质问道："主啊，我兢兢业业地侍奉着您，相信您，可是为什么您眼睁睁地看着我被洪水淹死却不来救我呢？”

上帝说：“我去救你了啊！第一次，我派了救生员去提醒你，我以为你不知道，可是你不愿意离开；第二次，我派了舢板去接你，你不走，我以为你担心舢板危险；第三次，我派了直升机去救你，你还是不愿意接受。我以为你想回到我的身边好好陪我呢。”

这个寓言告诉我们，生活中有太多的障碍和困难，都是因为人们把希望寄托在别人身上，而自己只是在原地等待，最终被碌碌无为吞噬。

每个人都会有好运气，但是要伸出手去抓住幸运，一次没抓到，下次继续。只有具备足够的能力和耐力，为了自己的目标坚持到底，才能得到自己想要的成功。你不伸出手，上帝也没有办法帮你。

找准目标，有的放矢

一艘在海面上航行的船只，如果没有了方向，任何风对于它来说都是逆风。目标对于任何一个事物都很重要，包括人生。我们的人生是向着目标前进，还是像这艘没有方向的船一样随波逐流呢？

孙飞高中毕业后就告别父母，要离开家乡去省城打工。他拍着胸脯跟年迈的父母说：“我去城里一定会干出一番大事业，做大老板，到时候我就回来接你们，让辛苦一辈子的你们过上好日子。”

父母知道生活的不容易，劝道：“城里的生活并不是那么容易的，到处都要文凭才可以工作，一个月的工资大多会用来交房租，你就不要去那里吃那种苦了。我们也老了，只要你健康平安，我们就心满意足了。”

父母的劝告没能够阻挡孙飞去城里当老板的步伐，他离开家乡到了省城。

一转眼三年过去了，孙飞不停地找到新工作，然后被别人辞掉或者自己辞职不干。他好像每一种工作都做不长，最长的一次坚持了半年，依然以辞职告终。当他第 28 次辞掉工作时，有些心灰意冷了，大多数适合他的工作他都做过了，却都以失败而告终，他已经没有勇气再去找工作了。

孙飞体会到城市竞争的激烈，大学生想在这个都市里找到一份像样的工作都很难，更何况他只是一名高中毕业生。

人总得生存，没有合适的工作，还是要吃饭生活，无奈之下，他开始做城市里躲藏在阴暗角落的“破烂王”。他想先捡拾废品去卖，维持生活，工作的事以后再说，他好像已经忘记了自己离家时跟父母说的“老板梦”。

一天，在一家豪华的酒店旁，孙飞看到路边的花坛里有一个被压扁的饮料瓶，他拿起手中的工具，很轻巧地就把远处的饮料瓶取到手中，放到袋子里，准备离开。

这时，一辆乳白色的宝马轿车停在他旁边，一位穿着大方得体的中年女士，优雅地打开车门走出来，拦在孙飞的前面，彬彬有礼地问道：“老板，请问下太子山公园怎么走？”

孙飞左右看了下，确认眼前这位女士是在跟他说话，他看看自己身上虽然不是很破，但也显得陈旧的衣裳，觉得自己怎么也不会被称为“老板”。可是左右也没有别人，对方肯定是在跟他说话。

他直起因为经常低头捡垃圾而略显弯曲的腰，抬头挺胸收腹，很绅士地告诉她去太子山公园的详细路线。

当女士开着她的宝马车缓慢地离开后，孙飞目送着宝马车远去，把这辆车的车牌号码记下来。这时，前方的路面上被人丢了两个大的空饮料瓶，但是孙飞仿佛看不见似的，久久地站在原地发呆，脑海里浮现着“老板”两个字。

晚上，孙飞走进一家小饭馆，点了几样小菜和一瓶白酒。孙飞不会喝酒，可是这一次，他想把自己灌醉。

第二天酒醒后，孙飞没有去捡破烂，他向身边的朋友借钱，凑够了 5000 元。他用这笔钱在城乡接合部租了一个小门面，开办了一家废品收购站，他让自己成了一名真正的老板。

五年后，在孙飞的努力下，他的废品收购站壮大起来，又连续开了几家废品连锁店，成为这个城市里最大的废品回收公司的老板。他有了一辆自己的宝马车。

他还记得当年那位女士的车牌号码，他知道，如果不是那位女士对他的称呼，惊醒了因为生活而变得麻木的他，就不会有今天货真价实的“老板”。那句“老板”让他想起家乡的父母，想起他曾经的梦想，让他找准了前进的方向，努力奋斗，才有了今天辉煌的成就。

孙飞想尽一切办法寻找那位女士，任何事只要有心去做，成功自然会降临。当孙飞向眼前那位熟悉又陌生的女士道谢时，对方一阵迷糊。在孙飞的提示下，她想起了那一天，说：“其实我是高度近视，那天找不到路了，看到路边行走的你，拄着棍子又弯着腰，缓慢地向前走，我以为是一位老大爷，我喊的是‘老伯’，不是‘老板’。”

无心插柳柳成荫，一个无心的小错误让孙飞想起自己离家时的梦想，明确了自己的目标并为之努力，才会有今天的成就，跟任何人无关，一切都是自己的决定。我曾去听过一位著名小说家兼编剧十年的讲座，提问的时候，有人问他：“普通人如何成为一名小说家呢？我们得先工作保障自己的生活，才有时间和精力去写文章。”十年说：“你回到家里，打开电脑，双击一个叫文档的东西，打开后敲下第一个字，你就已经是位小说家了。”

在我们的想象中，成功是遥不可及的，总觉得要走很远的路才能到达，但成功也许早就被我们踩在脚下。人生就像射箭，对准靶心开弓就会有收获，看准目标、放箭、命中目标，就是这么简单的事，放到生活里随处可见。

刚从学校出来的四个好朋友想在小区里创建一个水果外卖平台，方法想了很多，却面临着更多的困难，还没有开始弄，困难就要把他们的信心都压没了。

后来，好朋友之一小云说：“不管了，我们先搞起来再说。”他的想法得到了另外三位好友的赞成，水果外卖平台就这样建起来了。但在业务发展的过程中，四位老板各执己见，各有自己的办法和想法，最终这个被拉向四个方向的水果外卖平台宣告失败。

四个好友各奔东西，而小云坚持自己创业，她想开家餐厅。小云的父母只是工薪阶层，他们的工资只够维持日常生活，因此小云的餐厅只能是个梦，连在街边摆个烧烤摊都困难。不过曾经的创业经历告诉她，先搞起来再说，只有先搞起来，才能离自己的目标更近一点。

她去美食街的餐厅，一家家地问对方要不要人。刚开始推餐厅的门时，她会觉得不好意思，因为她来这里不是吃饭，对于餐厅来说，她不是上帝，而是仆人。

餐厅就职人员的流动性很大，洗碗、后勤帮工、传菜都需要人手，所以大多数餐厅都在招工。那一年，她在附近的几家餐厅里都打过工。因为她的目标是开一家自己的餐厅，所以她跟餐厅老板聊的都是有关餐厅的各种问题，有时候问得太专业、太具体，对方会用怀疑的眼光看着她。

经历了一番辛苦的打工生涯后，小云觉得自己有能力开餐厅了，就开始四处借钱，在市场租了个门面房开了自己的小排档，积累资本，两年后终于开起自己的餐厅，完成了自己的目标。

时间会在挣扎中溜走，刚开始订立自己的人生目标时充满热情和憧憬，可是只想不做，没有实际的执行力，就会觉得自己任何事都做不好。当我们纠结于“做”还是“不做”时，我们只能选择去“做”，能够被我们反复地想，就有“做”的可能。

当我们把思维切换到“做”上时，就不会花时间去纠结“做”

还是“不做”，不再纠结，只是向着目标去“做”，就可以更快地达到目标。

刘旭两口子开了个小公司，给自己创造了优越的生活条件，但是长期养尊处优的生活让夫妻俩胖了不少，年纪轻轻就有了小肚腩。他们觉得缺少运动，却没有时间去健身房。

后来，有位朋友帮他们想出一个办法，让他们把健身教练请到家里，在豪宅里空出一个小小的健身空间，购置少量的健身器材，就可以满足他们健身的需求。刘旭两口子缺的不是钱，而是时间和空间，还有执行力。

完美的准备是不存在的，任何事都会有瑕疵，随着情况的变化而变化。只有看准目标，向着靶心进发，才有可能获得成功，而不是像秃鹰一样，看到目标却在外围盘旋半天，等它们快速俯冲下来时，猎物早就溜走了。

有备无患地进入人生战场

人生在世，经常会遇到不如意的事。我们期盼着好事、美事、幸运的事，但很难遇到，偶尔出现一下便转瞬即逝，留给我们更多的惆怅；而那些不顺心的事、倒霉的事却经常光临，挡都挡不住。

既然不好的事会经常发生，那我们就做好准备去迎接，才不至于被打个措手不及，陷入深深的痛苦里。好事不需要我们做太多的准备，因为来了就来了，只会在快乐上边再加一层快乐，有喜出望外的感觉。

好友秋水从 QQ 上发来消息：“今天真倒霉，打个出租车却把手机丢在车上了。”我问道：“那你没有打电话过去找一下？”秋水发了个叹气的表情，说：“打了啊，但是手机关机了，我也没有要出租车的发票。”

我突然想起自己也有这样的习惯，很少问出租车司机要发票。发票对于我们来说没有太大用处，要来也是丢弃，无处报销，所以省得麻烦，到了地点下车就离开。对于出租车司机来说，时间就是金钱，客人下车后，出租车很快就会绝尘而去。所以我也不想耽误他们宝贵的时间，就算是打印票据只需要几秒钟。本来是多一事不如少一事，可是万一发生了东西遗失的情况，却要我们花大把的时间去弥补。

对于秋水的遭遇我只能深表遗憾地说：“那就算破财消灾吧！不过以后坐车还是要个发票好些，有备无患，不怕一万，就怕万一。”“问题不在手机本身，那个花钱就能买到，可是手机里还有我跟家人去普吉岛拍的照片。孩子现在出国上学去了，想看看那些照片都没有办法了。”秋水发来一个沮丧的表情。

“现在手机都可以备份啊，把照片上传到电脑里或者网络上都可以啊。”我惋惜地说道。秋水发来几个哭的表情。

备份的道理我们都懂，只是懒得去做，也没有想过自己的手机会丢失，这些坏习惯让我们在意外发生时只能用悲伤为自己的错误埋单。科技越来越发达，手机备份越来越简单，每一部手机都有密码锁的功能，可还是有很多人嫌密码锁麻烦，以至于精明的手机商们研究出了用指纹识别开手机锁的功能。

我们只有经常提醒自己改变一些坏习惯，在坏事情来临时才可以轻松应对，不至于手忙脚乱心里难受。

美国的爱德华・墨菲提出一个“墨菲定律”，告诉世人：“如果事情有变坏的可能，不管这种可能性有多小，它总会发生。”容易犯错误是人类天生的弱点，不管我们解决问题的手段有多高明，错误还是会发生。

事情总是会向不好的方向发展，就像秋水的手机，她总觉得会丢，就真的丢了。她下出租车时的第一个反应就是摸手机，发现丢了却追不上那位司机。

手机里的东西要经常备份，这样就不会在丢手机或者手机系统出错时，为了手机里丢失的照片而难过，因为丢手机是必然的，再担心它还是会丢，不如多做些准备，防患于未然。

记得我有一次去外地旅游，那里到处是小山村，出租车都很少见，狭窄的街道上跑着的都是那种载客的三轮车，外观也差不多。

每一次出门，我都担心证件会遗失，总是在心里念叨着，过一段时间就打开钱包确认一下。放在衣服口袋里怕丢了，因为总是从口袋里往外掏东西，如果不小心带出来丢了都不会注意，所以只好放在包里。我准备了两个钱包，身上有个装零钱的小钱包，随时准备付账，还有一个大钱包放在包里，证件都在大钱包里。

可是坏事情还是发生了。我出门准备去当地的特产市场逛逛，包放在旅社不放心，就背在身上。叫了辆三轮车，在狭小的空间里带着大包有点拥挤，就把包放在后面放置东西的地方，然后看着车外的山景。

下车时，从小钱包里拿出钱付了账，思绪还沉浸在刚才的风景里。当三轮车驶离时，我总感觉缺点东西，恍惚间伸出双手才发现，包还在车上没有拿下来。看着远方三轮车的影子，我想大叫，但是没有用，想到里面的证件我急得直掉眼泪。

可是掉眼泪也没有用，正巧后面来了辆三轮车，我招手叫停，颤抖着声音跟司机说明情况。对方是位憨厚的大叔，安慰我说："没事，那辆车的司机可能没有在意车上多了一个包，就怕被后面乘车的客人拿走，我带你追追看吧。"

前面已经看不到那辆三轮车的影子，路上来往的三轮车越来越多，外观都差不多，我有点绝望了。这时，对面驶来一辆三轮车，与我乘坐的这辆车擦身而过，车右边的玻璃上贴了一张喜庆的红色贴画，我突然想起自己坐车看山景时，脑海里好像有这张贴画。

我大声叫停对面的车，司机大叔也拐个弯，很快地追上那辆车。我疾步跳下车，担心这不是我刚才乘坐的那一辆。还好，看到那张略显熟悉的脸庞，我不禁松了口气，对方疑惑地看着我。

我的心怦怦直跳，对他说了句："我的包。"然后爬上车，看到我的包安稳地躺在车后小小的空间里。两位司机聊了起来，大叔向这位疑惑的司机解释了一下，对方才恍然大悟，笑着说："放在后面我也看不到，还好你自己想起来，再迟点载了别的客人，我就说不清了。"

谢过两位司机后，拿着我失而复得的包，心中有无限感慨。想着想着还会丢，只能想别的办法。后来我买了一个随身背的小包，只放些证件和贵重的东西，到哪里都不再离身，也不用刻意地去念叨了。

墨菲揭示了独特的社会及自然现象：如果坏事有可能发生，不管这种可能性有多小，它总会发生，并造成最大可能的破坏。而我们用行动证实了这个定律的存在，也承受着破坏带给我们的伤害。我们只能防患于未然，为迎接不好的事多做些准备。

红火一时的电影《小时代》中，女强人顾里家里很有钱，她是名副其实的“富二代”、娇娇女。电影中的四个闺密中，能耐最大的就是顾里，每个人遇到困难都是由顾里来解决，不仅是因为顾里富有，更多的是因为她总会在坏的事情来临前做好两手准备。

Plan B 是顾里的法宝，也就是有备无患的第二套方案，这是成功者必须具备的习惯。

顾里的闺密林萧进入一家知名杂志社任总经理助理，杂志社交给她一个任务，去安排一场时装展。当时是冬天，林萧把时装展安排在露天的江边，露天秀场被林萧设计得美轮美奂，也充分说明她有这方面的能力。

但是天公不作美，一场突如其来的大雪把整个秀场覆盖，林萧只能看着眼前的一切发呆。她不知道该怎么办才好，欲哭无泪，只有无助地等待，等待着被公司炒鱿鱼。

这时，顾里来了，她镇定地让林萧把所有的东西转移到备用场地，让时装展顺利举行。虽然缺少最美的外景，但是能够完成任务才是最关键的。

当熟悉内情的宫先生惊讶于顾里的能力时，她骄傲地说：“宫先生，不是只有你才有 Plan B！”成功人士都会付出很多时间和精力在 Plan B 上，以便在陷入困境时绝地重生，就算备用方案用不上，他们也会去准备。

著名主持人蔡康永说过这样一段话：“15 岁时，你觉得游泳难，放弃游泳，18 岁时遇到一个你喜欢的人约你去游泳，你只能说我不会。18 岁时，你觉得英语难学，你放弃英语，28 岁时出现一个很棒但要懂英语的工作，你只能说我不会。”

多会一项技能，在未来的生活中就可以多一种选择，离成功更近一步。有备无患地储存很多生活技能，在今后的生活、工作里会带给你意想不到的惊喜，你就可以掌握比别人更多的主动权。

努力寻找脱离平庸的方法

漫漫人生路上，大多数人都是平凡的普通人。平凡并不可怕，可怕的是我们安于现状平庸地活着，还觉得这样的平庸是理所当然的。

十几岁的时候，看着周围的人每天朝九晚五地工作，拿着养家糊口的工资，节假日带着家人挤进旅游的大军，总会发出些感慨。每个人的生活就像复制和粘贴似的，跟周围的人相似，大家不觉得这样的生活平庸，时间久了只是觉得枯燥无味，想起曾经的梦想，寻找办法脱离这种平庸。

上学时，没有想过成为作家，在懵懂的年纪随着同龄人进入单位上班，有一份稳定的工作，单位有住房可以保证居住，业余时间呼朋唤友地行走在大江南北，领略不一样的风景，然后回归日常生活，重复同样的工作。

工作之余的爱好就是看书，徜徉在书海里无法自拔。偶尔在生活的悲痛洗礼之后，拿起笔用文字写出自己心中的情和痛。过了几天，云淡风轻时再一次品读，心中微微地有些震惊：“这优美的文字是我写的吗？”

反复看了很多遍，文字充满韵律感，还有些平常都不会用到的词语，很有力度，不由得惊喜道：“原来我也可以写文章。”后来一发不可收，不时会写些感悟类的小文章，发在自己的朋友圈里，引来朋友们的赞赏，在周围小有名气。

可是最尴尬的就是有人问：“写这些东西你能拿多少钱？”这时我才发现，这些小文章只能在自己的圈子里观赏。其间我也投递到多家报纸和杂志，却泥牛入海，没有任何动静，发来邀请的都是些没有稿费的公众号或者文学网站。

单位有内刊，一个月会出个文摘版，同事帮我推荐上去，很快编辑就联系上我，反复询问那些优美的文字是不是我写的。他说一个体制内的员工有这样的文采让他惊奇，遗憾的是文字结构还有些粗糙，无法刊载。文章在编辑的修改下仿佛穿上了华丽的外衣，让我感到惊奇。内容还是我写的那些，但是细微之处经过修改却有种完全不一样的感觉。

慢慢地，我的文字越写越多，也开始小有名气，可是却不希望别人再问我写哪些东西。当文字与金钱拉上关系时，我是贫穷的。当朋友喊我出去玩，我说在写文章时，对方一句“你拿了多少钱？”让我只能哑然无语。一篇小文章也就几十块钱，一个月发表不了几篇，如果靠着文字吃饭，那真是吃了上顿没下顿。

我问身边的朋友：“你们喜欢现在的生活吗？这是你们想要的生活吗？”他们好笑地回答我说：“写文章的都是文艺青年，就是比平常人想得多。祖祖辈辈都是这样生活，得过且过，知足常乐就好了，就算是不满意现在的生活，又能怎么样呢？”

身边很少有人能写文章，于是他们都用羡慕的眼光看我，当别人说起时，他们会自豪地说有位朋友是作家。虽然我离成为作家还有段距离，但是在他们的眼里，作家就是能写出好文章的人。别人看不到我的付出，也看不起我的收入，相对于他们平庸的生活，我就是生活中的一个特例，带给他们新奇的感觉，同时也让他们羡慕。

好友玲看了我写的文章，非常羡慕，也给过我鼓励，可是反观自己，她总是感慨地说：“你有了自己的爱好，我除了工作什么都不会。”她也想突破自己平庸的生活，但是身为乖乖女的她，除了上班就是做家务，她的房间打扫得非常干净，还能烧出美味的菜肴吸引我经常跑去混吃混喝。

可是她也想有自己的爱好和事业，不想平庸地度过一生。在朋友的推荐下，她想去做保险，就来询问我的意见。我告诉她：“任何事看着容易，可做起来并不容易，选择了就要坚持做下去，因为没有一件事可以随随便便成功。”过了一段时间，就看到她开始在微信朋友圈里介绍保险业务。这类文字在朋友圈里经常看到，让人感觉做保险的人比买保险的人还要多。

想摆脱平庸的生活就要先走出去，尝试新的事物，只要去尝试总会有收获。过了一段时间再与玲相聚时，她抱怨着没有做成一笔业务，觉得自己学习了很多却没有任何收获，每天还要不停地推销。

家人看她这么辛苦，就劝她不要再去保险公司，她也萌生了退意，想听听我的意见。我只是静静地听着她说，发现她比平常多了很多话，曾经的她安静又害羞，总是保持着微笑跟在我们身边。

我问她：“你不觉得自己现在的话很多吗？”她停下来，想了一下，点点头。我继续说道：“你现在说话很不错啊，有理有据，收放自如，难道不是你这段时间的收获吗？”她好像突然明白过来，脸色由阴转晴，笑容再一次浮现在脸上。

与其平庸地活着，不如让自己活得轰轰烈烈。金钱不是衡量一切的标准，人应该过自己想要的生活，把人生过得有滋有味，而不是碌碌无为，过着平庸的生活还觉得理所当然，对别人的奋斗觉得多此一举，等看到别人活得更精彩时才感到后悔。

有部电影讲述了四个中年男人的故事。他们是大学同学，名字分别是阿永、阿宇、成旭和阿权。在学校里，他们组建了一个四人乐队，经常出现在舞台上，风光一时。走上社会的四位好友各奔东西，为了生活而忙碌，也都放下了心中对音乐的梦想。

阿永在银行里工作，因为经济危机被裁员，于是悠闲地在家里做起家庭妇男，享受着安逸的生活。平静的生活被一个电话打破，四位好友之一的阿宇因为一次醉酒后的意外，伤重不治而死去。

阿宇离开学校后坚持自己的音乐梦想，只是一直没有成功，只能窝在酒吧里驻唱，赚取生活费养活自己和儿子。老婆因为他的碌碌无为跟别人走了，阿宇独自带着儿子艰辛地生活着，意志更加消沉。

三个大学时期的乐队成员相聚在阿宇的葬礼上。人到中年，现实中他们的生活压力都很大。阿永被裁员在家，靠老婆养活；成旭被公司解雇，为了两个求学的孩子的高额补习费做着两份工作，老婆还不停地唠叨；阿权为了让孩子有更好的学习条件，把家里的房子卖了，把老婆和儿女送到加拿大，自己则住在单位的车库里。

世事沧桑，三个大学好友相聚在一起，发泄着对生活的不满，他们已经不再有学生时代组建乐队时的激情，满心都是对生活的麻木和无奈。

死亡最能激起人们心中残存的激情，阿永抱着好友一直保存的古他回到家里，想起当初的梦想和组建乐队时的美好往事，放声大哭。他问自己："我是不是要这样平庸地生活下去，直到死亡？"

答案是否定的。他开始联络另两位好友，在一家小餐馆里，他说："我要重新组建乐队。阿宇死了，可是我们还活着，不要让心中的梦想熄灭，不要到死的那一天才后悔。"接着，他在餐厅里弹起当初他们一起创作的歌曲，引起旁边用餐者的侧目。

三人说起当年的趣事，但成旭和阿权还是拒绝重新组建乐队，他们现在的首要任务是赚钱养家，他们要活着。阿永伤心地问道："你们这样叫活着吗？你们只是混口饭吃。"成旭和阿权听了阿永的话非常震撼，却无力去改变。

晚上，成旭给一位喝醉酒的年轻司机做代驾，车内开着震撼的重金属音乐，他好心地把音量调低，却遭到车主的讥笑，说：“大叔，这是最流行的音乐，你懂音乐吗？”成旭当时就火了，大声说道：“你这个毛孩子，当初我搞音乐的时候，你还没有出生呢！”成旭激动地打电话给阿永说：“我同意组建乐队！”

同时，阿权也在寂寞的车库里想着阿永的话，他给儿子打了越洋电话，听着儿子稚嫩的话语，心想自己的人生难道只能这样走到终点吗？他不甘心，轻轻敲着儿子的玩具架子鼓，脑海里浮现出当初在舞台上那激情澎湃的岁月，他也打电话给阿永，同意组建乐队。

组建并不是那么容易的事，他们经历了更多的磨难终于站在舞台上忘情地演唱。激昂的音乐响起，那些在生活中迷失方向的人都聚到一起，为他们鼓掌，生活因为他们的坚持梦想、拒绝平庸而改变，演出非常成功。

不想平庸至死，就要寻找自己的目标，付出努力去摆脱平庸，告诉自己，努力活出自己的精彩。

第六章

自己选的路，就算跪着也要把它走完

做生活舞台上的强者，美的使者，通过自己的努力把美传播出去，

让人们感受到美好生活，明白只有付出更多努力才可以成为生活的强者。

无论前方有多少困难和险阻，

都无法阻挡强者在人生舞台上欢快地跳着属于自己的舞蹈。

生活舞台上的强者，只是比普通人更努力

人刚来到这个世上，就跟一张白纸一样，需要你用彩色的画笔勾勒出七彩的生活。你画出一株参天大树，舞动着画笔涂上生命的绿色；你画出一款美食，增添些饱含酸甜苦辣的调料；你站在自己的舞台上，跳着属于自己的舞蹈，成为生活舞台上的强者，创造一个美好的世界。

生活的强者，会把生活打理得井井有条，给人以美的遐想，而不会做懦夫，遇到困难就畏缩不前。强者只是比普通人更努力地付出，挑战生活给他们带来的困难险阻，打造一个属于他们的完美世界，拥有比普通人更多的财富，过着惬意的生活。

生活的强者不是指那些腰缠万贯的富豪，大量的金钱让他们享受着奢华的生活，却无法用平和的心态去对待一切。他们的世界看上去繁花似锦，但是纸醉金迷的生活带给他们更多的迷茫，花费大量的金钱却无法令内心富足，他们不是生活的强者，只是金钱的奴隶。

生活的强者不是指那些沿街乞讨的乞丐，他们的内心很强大，把尊严踩在脚下，用别人的好心当作自己生活的饭碗，过着“衣来

伸手，饭来张口”的日子。他们在人们鄙视的眼神下自得其乐，出卖自己的灵魂享受着乞讨的生活，他们只是生活的蛀虫。

一日，我下班后开车回家，正好是车流的高峰时间，到处拥堵，人们都想早点回去，可是汽车没有翅膀可以飞过去，只能像蜗牛一样缓慢地前行。

暮色慢慢降临，车灯纷纷亮起，打造出一个五彩斑斓的光带，划破夜色，照亮周围。这时，我看到前方停下的小车旁站着一位衣衫褴褛的男人，单薄的肩膀上扛着一堆报纸。他用左手把一份报纸递进打开的车窗，应该是卖出一份，做成一单生意了。

男人转头向我的车走来，感觉他身体有些摇晃，仔细看才发现他是跛着脚在走路，而他右边的袖子里面却空荡荡的，原来是一位残疾人。他颤巍巍又坚定地走到我的车前，左手从肩膀上取下一份报纸，伸向车窗里面的我。

那是一份当天的晚报。如今是网络时代，更多新闻通过更快捷的方式充斥我们的生活，已经很久没有闻到来自报纸的墨香。车窗外，那张被岁月侵蚀的脸上布满生活的沧桑，他的眼神告诉我，他要的不是好心人的怜悯，而是用自己的劳力换得金钱，好好地活下去。

我不由自主地打开车窗，拿过报纸，把一元钱放到他手里，并向他微笑着点了下头。他的眼神也不再坚毅，闪现出温暖的光芒，回了我一个微笑，转头从肩膀上的报纸堆里又拿下一份报纸，走向后面的车。

我通过倒车镜看着那个男人离去的背影，五彩的车灯照在男人身上泛起一片光晕，他仿佛是舞台上的舞者，迈着坚定的步伐，走向明亮的生活。他用行动演绎着一部以生命为主题的剧目，用单薄的身躯、残缺的肢体支撑着他的生命。他是生活舞台上的强者，用自己的努力付出获取人们的尊重，让自己的生活更加美好。

生活的强者，与金钱的多少无关，与身体健全与否也无关。强者普通而又不平凡，每个人都是一个单独的个体，有属于自己的个性，有自己的烦恼和快乐，克服烦恼留住快乐是我们想做也应该做的事。强者总是凭借自己的努力打拼出属于自己的幸福生活，历经苦难却努力挣扎，坚持着自己的事业，有尊严地活着。

汶川地震已经成为历史，给人们留下不可磨灭的记忆，经历了生死洗礼的人们大多数都站了起来，他们更加明白活着的意义，珍惜活着的每一天。

廖智就是地震幸存者之一。她是一位舞蹈老师，地震来袭之时，她和婆婆正在家里逗弄刚满周岁的女儿，眼睁睁看着家里的空间少了一半，然后随着垮塌的房屋一起坠落。婆婆和女儿当场死亡，而她只能摸着女儿冰冷的小身体，反复唱着女儿听过的歌。

等待了 26 个小时，她获救了，同时，她也懂得了珍惜生命，她要好好地活下去。说得容易，做起来却不是那么简单，首先她要面对的就是截肢。当医生咨询她的意见并问她有没有亲人来签字时，她淡定地说："我自己签吧。"

看着年轻的舞蹈老师对于截肢的态度，医生疑惑了，以为她没有听明白截肢意味着她将成为残疾人，无法回到舞台上。医生再一次问她是否明白什么是截肢，廖智点点头说："我知道，就是把腿锯掉。"

廖智当然明白截肢带来的痛苦和不便，但是经过这次生死劫难，她懂得了生命的重要性，她要坚强地活下去。

治疗期间，为了安慰邻床养伤的小朋友，她就在病床上跳舞给小朋友看。突然她有种想法，就算没有双腿，她也可以重返舞台，演绎属于她的舞蹈。她想象着自己重返舞台的样子，她要做强者，把美好的生活愿望传递给更多人，给那些与她有相似遭遇的人活下去的勇气。

一天，她想出一个可以坐在轮椅上跳舞的动作，让轮椅代替她的双腿，她就能再一次登上舞台。她跟有关人士提出了这个想法，得到了对方的肯定，双方经过更细致的研究，决定用鼓代替轮椅，让她直接跪在大鼓上跳舞。

《鼓舞》跳到了中央电视台的"我要上春晚"舞台上，一袭红装的廖智"站"在舞台中央，用残缺的身体跪在大鼓上旋转翻滚，做着标准的高难度动作，震撼了现场观众，也让屏幕外的人们热泪盈眶。她优美的舞姿、曼妙的身材让人们忘记了舞台中间那位带给他们美感的舞蹈演员竟没有双腿。

要想把舞跳好，对于普通人来说，不仅要有扎实的基本功，还要有健康的身体和不怕辛苦的信念；对于没有双腿的廖智来说，那真是不可想象的困难。但是她为了能重新站到舞台上，承受了常人难以想象的痛苦。

跪起来，对于普通人来说很容易，可是对一个没有腿的人来说却不容易，她连平衡都掌握不了，只能反复地练习，每一次跪立都痛得她浑身颤抖。母亲见她这么辛苦，多次劝她放弃。她也想过放弃，因为实在太疼了，可是重返舞台的梦想让她坚持下去，她要成为生活的强者，她要在世人面前跳出精彩的鼓舞。

廖智对母亲说："每天就疼三个小时，咬咬牙就挺过去了，可是如果我放弃了，我就再也回不到我的舞台了。"母亲只能陪伴着她，帮助她完成她的梦想。每当她痛得汗流满面、眉头紧锁时，母亲都会躲在一旁偷偷流泪。

幸运之神总是会眷顾那些努力生活的人。廖智成功了，她完成了自己的梦想再一次走上舞台，成为人们瞩目的焦点。劫难没有磨灭她对美好生活的向往，反而促使她创造出一个又一个辉煌，她用行动诠释了生命的美好，提醒人们珍惜现在的生活。

我们要做生活舞台上的强者，美的使者，通过自己的努力把美传播出去，让人们感受到美好生活，明白只有付出更多努力才可以成为生活的强者。无论前方有多少困难和险阻，都无法阻挡强者在人生舞台上欢快地跳着属于自己的舞蹈。

摒弃生活中的压力，活出自己的精彩

生活中的压力无处不在，机遇与挑战并存，压力与动力共生，我们应该正确地对待压力，把压力变成前进的动力，从而走向成功。

孙悦是穷人家的孩子，大学毕业后就要自己养活自己，无形中有了很大的压力，她只能向现实低头，找一份养活自己的工作，进入一家工资相对较高的外企。

她有一个好朋友叫伍小梅，家境非常好，喜欢画水墨画，在学校里学的是哲学，一个冷门到走上社会根本找不到对口工作的科目。当然，她不在乎工作，因为她不缺钱。

对于伍小梅来说，只要做自己喜欢的事情就好，生活中没有太多的压力。当孙悦为了生活到处找工作时，伍小梅只是淡定地画着自己喜欢的图画，继续研究和深造。偶尔会有人找她画，慢慢地，她画得越来越好，更多的人找她画，她也可以靠卖画的收入维持自己的生活。

当孙悦在公司里面努力拼搏时，伍小梅坐在幽雅的房间里，随心所欲地画着自己的画。孙悦以为她会一直这样画下去，但后来的她让孙悦刮目相看。

几年后，孙悦的工资因为个人的努力略有增长，但依旧是工薪阶层。而伍小梅经过几年的磨炼，成立了自己的工作室，年收入很快就超过百万，让孙悦羡慕之余也不得不佩服她的魄力。

有人说那是因为伍小梅有强大的经济基础，没有生活的压力，不怕没有钱吃饭，也不愁没房子住，没车开，所以她可以自由地选择自己喜欢的职业，就算不挣钱也没有关系。

但事实告诉我们，伍小梅的一切都是靠自己的能力创造出来的，她通过自己的努力和等待，活出了自己的精彩。

穷和富只是一个表象，每个人的生活都有压力，但是富人占据大多数社会资源，拥有优质的人脉关系，视野也开阔得多。因为眼界的不同，在遇到压力时，情商低的人会抱怨社会，恨自己没有别人那么多的人脉，为自己的失败找各种借口；而情商高的人则会从自身找原因，想办法把压力变成动力，努力创造自己想要的生活。

看看我们的周围，贫穷家庭的孩子因为生活压力不敢轻易尝试自己想要的生活，最终变得跟他们的父辈一样贫穷，一样怨天尤人；而那些富人可能顷刻间遭遇破产，所有的财富化为乌有，变成比穷人还穷的人，但是他们不会一味抱怨，而是继续努力创造，若干年后依然会东山再起。他们懂得贫穷只是暂时的，他们不会退缩，也不会安于现状，他们只会不停地进取。

只有通过自己的努力，把生活中的压力变成动力，才能过上自己想要的生活。

韦建宏是山区的孩子，当他接到大学录取通知书时哭了，贫穷的家庭交不起昂贵的学费，他是家里的老大，父母年纪都大了，弟妹们也都在求学，上学需要钱，家里的生活更需要钱。

晚上，他跟父亲说："我不去上大学，我参加高考只是为了证明一下我的能力。"父亲低着头，想了一会儿说："大学，你还是要去上的，只有上了大学，你才能接触外面广阔的世界，才可以摆脱现在的贫穷。"

"可是……"韦建宏想说家里没有钱，但他知道父亲也明白这个道理，就没有把话说得更清楚。父亲抬起粗糙的手，摸了摸韦建宏的头，轻轻按了一下，然后离开了。

快开学的时候，父亲颤抖着把借来的8000元钱递到韦建宏的手上，说："去吧，坚持几年，你就有出头之日了。"韦建宏流着泪接过钱，他知道父亲借钱有多不容易，村里都是跟他们一样的穷人，他只有走出去，学习更多的知识，才能回来改变贫穷的家乡。

韦建宏含着泪对父亲说："爸爸，你放心吧，儿子还有健康的身体，可以生活得很好。"告别父亲，他转身走上弯弯的山路，向山外走去。

坐着长途车来到学校，交了学杂费、住宿费，扣除车费，看着口袋里剩下的500元，他犯愁了。

食堂里，同学们穿着青春时尚的衣服，拿着手机互相打着招呼。也有人会跟韦建宏打招呼，他回以微笑，可是他心里却在哭。同学们争先恐后地买着最美味的菜肴，而他一天只能吃两顿，每顿饭控制在两元钱以内，只能买份米饭，偶尔加个素菜。

他从家乡带来很多家里腌制的小菜，可以就着小菜吃米饭，食堂里还有免费的汤，即使这样也无法维持到这学期结束。他想过去做家教，但是想到父亲期盼的眼神，担心会耽误学习，而且收入不稳定。

韦建宏进入大学没多久，就发现一个有趣的现象：校园里宅男宅女非常多。很多同学整天窝在宿舍里看书、打游戏，甚至吃饭都不愿意下楼。一次偶然的机会，在学校楼道里，韦建宏听到两个人的对话，说希望学校能有人帮他们打饭菜，这样他们就不用下楼了。

他灵机一动，想到一个办法：为同学们做代理。他是大山里长大的孩子，蜿蜒的山路给了他一双灵活的双脚，让他可以快速地奔跑，可以在宿舍的楼道中快速地穿梭。

他狠狠心，跑到手机店里花 200 元买了一部旧手机，除了可以接打电话之外，只有短信功能。他在学校的各个宣传栏里贴出一张张手写的小广告：“您需要代理服务吗？如果您不想买饭、打开水、交话费等，请拨打电话告诉我，我会在最短的时间内为您服务。”

小广告贴出后，韦建宏的手机就成了热线电话，很多人请他帮忙买饭，每次 2 元的价格，让他跟一阵风似的穿梭在宿舍楼里。“请帮我买份饭，加份排骨。”“请帮我买瓶洗发精。”“请帮我拿下快递。”各种各样的要求让他在课余时间忙得团团转。

有一次，有位同学想吃校外的烤肉饭，一份 10 元，他接了单子，一阵风地走出去，转眼就回来了。同学惊奇地说：“你也太快了吧！”他羞涩地笑了笑。同学递过去 15 元，告诉他不用找了，但他还是找回了 3 元，因为价格是事先说好的，他认为那就是一种诚信。

有一天，突然下起倾盆大雨，他的手机响起来，是一位女生发来的信息，说是需要一把伞，他二话没说，转身冲进雨里。他很快便浑身湿透地把雨伞交到女生手上，让她感动不已。

这些事在学校里传播开来，他的知名度有了一定的提高，生意也越来越好，每次他下课打开手机时，都会收到各种各样的信息。因为他做事讲信用，速度也快，很多宿舍有采购的事都会找他。

很快，第一个学期在他不停的奔跑中结束了。寒假回到家里，父亲还在为他下学期的学费发愁，他却掏出 3000 元钱交到父亲手上。父亲诧异地看着手中的钱，再看看眼前健壮的儿子，疑惑地问：“这钱是从哪里借的？我们不需要你借钱！”

韦建宏笑着跟父亲说：“这不是借的钱，是我这学期给同学们做代理挣的钱。”父亲问：“什么是做代理？”韦建宏指着自己的腿说："就是靠着您给我的这双腿，跑出来的钱。我也会继续跑下去，跑出名堂来。"

寒假过后回到学校，韦建宏招收了几位家境跟他差不多的同学，把代理圈子从自己的学校扩展到外面的学校，代理的商品也越来越多，从生活用品扩展到学生们需要的电脑配件和电子产品。

韦建宏给自己置办了电脑，换了部智能手机，可以更好更快地为同学们服务，拥有更多的顾客。后来，他被校外的一家商城看中，聘请为商城的校园总代理。

他成功地摆脱了生活的压力，跑出自己的道路，活出自己的精彩。他的目的是出色地完成自己的学业，用自己的知识改变家乡的贫穷，带着家乡的父老乡亲一起活出精彩。

生活中不可能没有压力，生活因压力而精彩，只有坚持不懈地与压力抗衡，摒弃压力带来的失落和困苦，迎难而上，才能活出自己的精彩。

活在自己的世界里，而不是别人期望的眼光里

现实生活中，我们总是在意别人的意见。从小时候开始，嫉妒着那个“别人家的孩子”，希望自己能够成为父母口中“别人家的孩子”，就可以看到父母满足的表情，得到周围人羡慕的眼神，自己也会感到自豪。

大多数人都活成父母期待的样子，认真学习，参加高考，找一份安稳的工作，然后找个合适的对象结婚生子，按部就班地生活。人生就这样在别人的关注下顺其自然地发展着，当所有的事情处理妥帖后，才发现这样的生活并不是自己想要的。

前两天，好友曹倩在微信上发来消息：“好久没见，真羡慕你的生活。”我诧异地问道：“怎么了？你没事吧？”回答我的是一片沉静。过了好久，她才发来消息说：“我羡慕你可以过自己想要的生活，敢于行动，可是我却动不了。”我愣住了，曾经的“学霸”羡慕我这个有“学渣”之称的人？

曹倩是我大学时的舍友，名副其实的“学霸”，而我是名副其实的“学渣”。她每天都很忙碌，很难在宿舍里看到她的身影，想找她只有三个地方：图书馆、社团和宿舍。我在宿舍里埋头睡了三年，

而她忙了三年。学校的各种奖项都有她的份，各种证书拿到手软，而我勉强才两张证书，还是学校为了照顾后进生发的，人手一份。

最让我汗颜的是毕业时，因为专业相同，我跟她应聘同一家公司。投完简历后，公司管理人员看着她厚厚的简历，都没有让她参加面试，直接录取，而我却要走各种应聘流程，被别人挑选。本来站在同一个起跑线上的同学，有了这种对比，那种感觉让我难受，恨自己当初不好好学习。

进了单位，她是领导看重的人，实习过后直接升为管理人员，而我不喜欢这份工作，做了段时间就辞了职，做自己喜欢的事去了。其间的波折和辛苦只有我自己知道，但这是自己选择的生活，没有高额的收入，也没有稳定的工作，但是我快乐，我愿意，年轻就是我的本钱。

微信上，曹倩继续说："你也知道的，我们这个专业工资不高，就算拿到顶尖的工资也不会超过六千，而且每天重复着单调的工作，我很不喜欢。""不喜欢就换份工作啊，反正还年轻，做自己喜欢的事才是最重要的。"我答道。

"唉！"曹倩叹了口气，说，"我也想换啊，可是我没有你那个勇气。父母让我安心上班，然后再考个事业单位，在亲戚朋友那里有面子。我也担心离开现在这个工作，就再也找不到待遇这么好的工作了。"

我无语地看着微信里的对话，发现那个曾经在学校里疯狂学习的“学霸”原来也有自己的顾虑。想起当初自己睡的那三年，有点可惜，但是自己过得非常舒服。曹倩忙碌到最后反而进入一个舒适的环境，而这份舒适并不是她想要的，她陷入迷茫和困惑之中。

曹倩知道自己的一举一动都落在别人的眼里，她要学会控制自己的情绪，不能做出格的事被别人笑话。随着年龄的增加，她觉得自己就像小时候养的蚕宝宝一样，吐着丝把自己裹在茧里面，动弹不得。

买衣服时，她会想着款式是不是太另类了，别人会不会觉得太夸张；吃到自己喜欢的美食时，她想多吃一些，却顾虑别人的眼光，会不会觉得这么大的姑娘了怎么吃相这么难看；领导提出问题时，她明明知道答案，却等着别人先回答，没有人回答时，她也保持沉默。

慢慢地她活成周围人希望的样子，偶尔想有点不一样，总是会发觉别人惊异的目光，又默默地退回自己的茧里，重复着昨天的生活。

偶然有一天，她翻看朋友圈时，看着我去西藏旅行时拍的照片，我站在触手可及的蓝天下，背景是闪耀着银色光芒的大雪山。按她的说法就是感觉到内心突然被掏空似的，仿佛听到大雪山的召唤。

曹倩跟周围的人说想去西藏爬大雪山，却遭到所有人的反对。“你一个女孩子，安安稳稳过日子就行了，爬什么雪山啊！”“那么远的地方太危险了，不能去！”“好好地工作，雪山只能远远地看，不是你一个弱女子能爬的。”

她不再说了，继续过着别人想要她过的日子。一阵阵空虚围绕着她，她感觉日子过得越来越痛苦，却不能跟任何人说。

直到有一天，加完班，她关上电脑的那一刻，想着明天还要重复今天的生活，心里一阵烦躁，果断地离开了。收到她的消息时，她已经站在拉萨的土地上，她询问我那座山的名字和路线。

繁忙的我为了理想而打拼，虽然有点辛苦，但活在自己的世界里感觉特别舒畅。很久没有看曹倩的朋友圈，翻过去时，看到她已经登上人生的征途，在拉萨蓝色天空下激动的脸庞，充满青春的气息，这才是她的人生。

她沿着路线去拜访了那座遗世独立的大雪山，在向导的帮助下爬了上去。她发在朋友圈的一张照片是登山的途中，几个单薄的身影踩出一条深深的雪道，艰难地向上爬着，那个穿着红色冲锋衣、包裹严实的就是曹倩，她向着镜头挥手，向众人展示她的大雪山。

曹倩上传的照片旁边留了一段话：“看到这座大雪山，我突然明白，生命是我们自己的，对待它不妨任性些。我们不能让短暂的生命活在别人的眼光里，成为别人的复制品，让别人来主宰我们的生活。自己的生活应该由自己来主宰。死亡并不可怕，可是重复着同样的人生等着死亡的到来，那种空虚、寂寞让人生不如死！”

无独有偶，隔壁姐姐从小也是“别人家的孩子”，在别人羡慕的眼光下长大，考进省重点大学，毕业后跟很多人一样去考公务员。努力付出总会有回报，她如愿以偿考进了县里的事业单位，成为体制内的员工，享受着优厚的待遇。

当所有人都在为她庆祝时，她却离开家乡，踏上去广州的火车。我跟她是微信好友，对于她这个决定也有点想不明白。她在朋友圈发了一张照片，写道：“活在自己的世界里，而不是别人期望的眼光里。”

我的父母也为她叹息。我本来学习成绩就不好，父母对我没有太大期望，看着喜欢折腾的我只能摇摇头。

我发了微信给远在广州的隔壁姐姐，问：“你怎么突然去广州了？”过了好一会儿，她回答道：“我早就想离开，只是一直没有行动。”

姐姐告诉我，她也想听父母的话，找个安稳的工作，有一份稳定的收入。可是当她去单位报道时，看着熟悉的小县城，想象着未来的几十年都会在这里度过，突然有点害怕。

她也知道出去打工并不容易，连回来的机会都没有，所以她犹豫了好久。后来，看着单位里那些年老的同事，天天一杯茶坐一天，等待着退休，就仿佛看到她以后的岁月，她不甘心。她不想这样碌碌无为地过一生，她想追寻自己的理想，趁年轻做些自己喜欢的事。

她说："我现在出去拼搏还有一半成功的可能，如果不拼，那就一点可能都没有了。我就算轰轰烈烈地死去，也不愿在别人的眼光里委屈地活着！"

刚开始，周围人聊得更多的是对姐姐的惋惜，那么好的工作都不要，一个人去广州打拼。三年过去了，姐姐成为一家时尚杂志的项目总监，出入的都是富丽堂皇的大酒店，交往的也都是社会精英。

当她衣锦还乡时，周围的人都忘记了曾经的惋惜，一个劲地夸她有本事，她又成了人们口中的"别人家的孩子"。

现实生活中大多数人都无法忽视别人的眼光，别人说一句话我们就会琢磨半天，怀疑自己是不是做得不好。当我们太在意别人的意见和想法时，就会忘记倾听自己的内心，在选择面前犹豫不决，陷入混沌中。那些不在乎别人看法，敢于放弃安逸生活去追求自己理想的人，他们的人生充满各种荆棘，但是发自内心的笑容经常会挂在他们脸上，他们是为自己活着。

不要因为惰性而放弃努力

翻开一本书，还没看两眼，就想站起来走一走，再坐下来看书，没看几分钟又站起来，循环几次以后只能无奈地把书合上。看书的时候总感觉心里发痒，想干些自己喜欢的事，刷下朋友圈，明明知道刷手机是浪费时间，但还是想去做。

很多事，知道要赶紧做完，可就是一直拖着，直到实在拖不下去的时候，才会去做。有时候拖了一个星期的事，仅用一天的时间就完成了，并不是自己有多高的智商或者能力，只是因为先前总有惰性。

一次，传媒公司的几个部门同事一起去浙江绍兴参加一个多媒体活动，他们要去布置展厅，还要采写些现场文章发布到网站上。

忙碌了一个上午回到酒店，住的酒店有点陈旧，屋外的噪声很大，无法集中精神去编辑稿件。酒店的网络信号也不好，打开的网页就卡在那里，想查个资料都要等半天。一直到下午四点多，任务的一半还没有完成。

有同事在微信群里呼吁道："网络太差了，我才编辑了一半，今天的稿件能不能推迟些更新呢？"她的话得到另外几位同事的赞同，大家等着这次来的最高领导马翔的拍板。

这时，马翔说话了：“小赵，你查下最近的星巴克在哪里。”很快，小赵用自己的流量在手机上查到具体的方位。然后马翔在群里说：“各位同事准备一下，我们去星巴克办公，今天一定要把任务完成。”

很快，四个人带着四台笔记本电脑在酒店的大堂集合，打车去了星巴克。到了地方，马翔说：“这里的咖啡比较提神，各位可以在这里办公。”然后他点了一杯咖啡坐下来，打开笔记本电脑开始办公。

星巴克咖啡的名气跟它的价格一样高，在这里坐着不点一杯也说不过去，这个账单公司不会报销，只能自己掏腰包。同事们相互看了一眼，为自己点了一杯，认命地打开笔记本开始办公。

高昂的价格让普通人望而却步，所以这里的环境非常安静，就是有人说话也会压低嗓音，仿佛怕惊扰到里面品咖啡的客人。也许是环境的原因，也许是咖啡提神，也许是不写完还得自掏腰包，同事们的精神高度集中，很快就完成当天的推送，更新了网页，比其他同类的媒体公司更快、更准确地发送出去。

后来的几天工作也都在星巴克里完成，速度一样快，我们没有可以退缩的余地，只能往前冲，而效果出奇地好。

最后一天，展厅的任务都已经结束，我们准备撤离。吃早餐时，我遇到坐在餐桌旁看着笔记本电脑的马翔，旁边是已经用过的碗碟，他已经吃过早餐了。

“领导，今天都不用工作了，您怎么还抱着笔记本啊，就不能休息一下吗？”我开着玩笑跟他打趣，拿着早餐坐到他对面的椅子上。马翔把手里的笔记本电脑往旁边移了下，笑着说：“我习惯了早起做计划。”

我把早餐吃完后，看着还在专心做计划的马翔，说：“你怎么想起来带着我们去星巴克工作的啊，真是个好办法，不然这次的工作就很难如期完成了。”

马翔笑了起来，把笔记本电脑合上，说：“你的心态不对啊，怎么是星巴克的原因呢？就算没有咖啡馆，我们也要想别的办法完成公司交给的任务。不能因为客观原因就放弃自己应该做的事，给自己的逃避找借口，这是纵容自己的惰性。你也应该养成做计划和应对突发情况的习惯。”我感慨地想道：“难怪在他的计划里没有意外，只有变换形式的对策。”

这次的出差任务在马翔的带领下完成得很出色，公司给每位出差人员增加了补贴，正好弥补了咖啡钱，同事们不得不对马翔多了一份敬佩。

马翔是一个很自律的人，当我们每天睁着惺忪的双眼来到公司时，他已经完成当天的工作计划，并且准备好会议内容，等待着我们的到来。每天下午，他都会提前完成自己的工作，然后询问我们的工作进度，帮助我们处理解决不了的问题。

经过五年的日积月累，马翔成了我们的领导，拿着高出我们数倍的工资，同时拥有更加高超的能力，让我们望尘莫及。

如果想要改变，自己的事情就要尽自己的努力去做，不能因为惰性轻言放弃，只有意志坚强，不断地鞭策自己，努力锻炼自己的自制力，才可以克服惰性，增强自己的能力。

偶尔看到两张对比的照片，同是好莱坞超级巨星的莱昂纳多和威尔·史密斯。莱昂纳多在《泰坦尼克号》中的精彩表演，过了这么多年依然让我沉迷，在我脑海里还是那个帅气的画家形象。可是照片中的他却是一个大腹便便的平庸大叔，令我只能感叹岁月是把杀猪刀，刀刀催人老。反观另一位明星威尔·史密斯，数十年如一日地坚持运动，健硕的身材，深邃的眼神，可以很轻松地饰演各类角色。年近五十岁的威尔·史密斯，比莱昂纳多还大六岁，但两人看上去却像两代人。

明显的对比让我相信，那些拥有强悍自制力的人，克服了自身的惰性，努力创造着自己的人生，总有一天，会在他们的领域里做出非凡的成绩，获得他们想要的成功。

十年前，我在本地的一所大学里就读，业余时间给附近一户人家的女孩子做家教。她的父母开了一家装修公司，家境非常好，住的是别墅，家里有三辆名车代步。

女孩子有个哥哥，当时快三十岁了，身材高大，笑起来有点像威尔·史密斯，腼腆中带着份温暖，身材也非常有型。

女孩子非常喜欢自己的哥哥，不停地在我耳边念叨着，也让我对他有了点了解，那是一个自制得有点像苦行僧的男人。女孩子拿出哥哥小时候的照片给我看，上面的小胖墩明显营养过剩，三层下巴显得非常憨厚，从脸型上隐约可以看出是他。

再看看现在的他，职业装和家常服穿在他身上都显得有型，可以说是穿衣显瘦，脱衣有肉，加上刚毅沉稳的性格，帅气的脸庞，优越的家庭，真的是偶像剧中当仁不让的男主角。

每天早晨，这个男人都会在五点钟起床，坚持晨跑，下班后还会去健身房锻炼两个小时。不抽烟不喝酒，也不喝有刺激性的饮品。他的一日三餐都是粗粮，新鲜的水果蔬菜和鱼肉，不吃沙拉以及那些刺激性的调料。

想象着他的生活，我觉得自己一样也坚持不下来。每天早晨只要能多睡一会儿，我就绝对不会早起，路都不想走，更何况还要坚持每天跑步，浑身的细胞都在跟我说“不！”现在想想，那些细胞应该都是惰性的因子，阻碍着我成为精英，最终让我过着混沌的生活。

女孩子的哥哥是美国一所名校的MBA毕业生，回国几年后，把建筑行业的证件都考得差不多了，准备创办自己的公司。不过，我没有看到，大学毕业后我就开始工作，不再做家教了。

十年后，我长胖了很多，在朋友的陪伴下去健身房里锻炼，正好遇到了女孩子的哥哥。他正准备离开，一边拿着毛巾擦拭头上的汗水。让我惊讶的是，岁月好像在他这里停了下来，这么多年过去了，他一点都没有变。

乌黑的短发，因为汗水闪烁着光亮，身材健硕挺拔，肌肉饱满有型，看起来依然是三十岁左右，算起来，他应该有四十多岁了。他居然还认得我，笑着打招呼："你是小许老师吧，好久不见了。"

"是啊，好久不见，你怎么看上去一点没变啊？"带着疑惑的话冲口而出，我不禁有点后悔。他笑了笑，说："习惯成自然了吧，这么多年习惯健身了，有个好习惯终身受益啊。"

想起他苦行僧的生活，看看眼前依然帅气的他，再想想自己周围比他年轻的男人都有了啤酒肚，头发开始脱落，浑身的肌肉未老先衰，眼神也一片迷茫，走路拖沓，好像有千斤重的东西拖着他们似的，这个东西就是惰性。

这就是所谓的精英人士，他们可以控制自己的行为，拥有很多好的生活习惯，能够掌控自己，也能掌控生活，努力克服惰性的干扰，让自己的人生更加精彩。

用乐观的态度，实事求是地面对问题

心态决定人们对事物的看法，人应该保持乐观的态度，遇到事情从好的方面去考虑，始终抱有一种信念："我行，我可以！"拥有乐观的态度，就可以拥有快乐的人生。乐观的人热爱生活，会想尽一切办法去改变生活中的不美好，即便困难还是存在，也会实事求是地面对问题，并且解决问题，获得他们想要的成功。

智鹏从初中时就不想上学，成绩总排在班级的后十名，每次都是老师数落的对象，同学排挤的目标。虽然鬼使神差地通过中考上了高中，但成绩依然是班级的最后几名，辍学的想法时常浮现在他的脑海。

他不爱学习，喜欢看那些神鬼魔幻的小说，产生过写小说的欲望，也尝试过写小短篇，引起过母亲的赞叹。但是每天的学习任务很重，要写很多作业，就是抄都要到半夜，根本没有时间去写课外的文章，连看小说都是一种奢侈，这不是他想要的生活。

他开始上课睡觉或者跟旁边的同学说话，不再按时完成老师布置的作业。老师开始找他的父母谈话，回去后，父母也教育过他，但都没有用。他就是不愿意拿起笔写字，听着老师讲课就像有蚊子在耳边低吟，根本听不进去，只有趴在桌上沉浸于自己的世界里才让他觉得舒服。

父母很重视他的学业，贫穷的家庭只有靠知识才能改变，但是智鹏不懂，他觉得自己现在就可以出去挣钱，他渴望着长大，趴在学校的课桌上看着外面自由自在飘浮的云彩，非常羡慕。

老师找家长根本没有效果，初中毕业的父母也无法用理论来说服他，每一次让他完成作业时，他都坐在桌前磨蹭。当父母走进房间看他时，他就会拿起笔做出写作业的样子，父母看着空白的作业本想说话，智鹏就会发出比他们更大的声音，先声夺人地说："你们烦不烦啊！"吓得父母都不敢再说什么，他们害怕影响他写作业，只能安静地退出。

当父母不再管他的学习，老师也放弃他的时候，他开始跟父母谈："爸爸、妈妈，你们看，现在这个社会，就算考上大学也不再包分配，那么多人辛苦地学习，可是能考上大学的没有几个，我干脆辍学算了。我的理想就是像韩寒那样写出很多书，前一阵子新闻上不是说一个上初中的孩子写书赚钱给家里买房买车了吗？"

父母听他讲的也有道理，但是他们仍然坚定地认为还是要多学习才行，不同意智鹏辍学。其实智鹏心里明白，他那点文字水平，根本不可能达到韩寒那种高度。

智鹏继续说："我现在看见课本就头疼，它认识我，我不认识它，你们让我怎么学下去啊。”父亲去了趟学校，在老师那里证明了智鹏确实有这样的情况，就带他去医院里检查。他不怕检查，因为他在书上看到过，人的头脑是最复杂的，说头疼根本就查不出来任何问题。

父亲带他去省城的医院专科门诊进行检查，医生问了问情况说："看到书就头疼是注意力不集中的原因，我开点药给你回去服用一个疗程，如果还是这种情况就再来开药。"

智鹏本来没有毛病，这下真的有毛病了。父亲如获至宝地把医生开的药拿回家去，按医生的嘱咐坚持让智鹏服药。那黄色的药丸非常苦，经过舌苔时，留下一阵令人作呕的苦涩。

也许这份苦涩惊醒了他心中那份责任感，他仿佛忽然开窍般，想着还是好好上学吧，这样折腾到最后，自己还是要上学，与其与家长、老师斗智斗勇，不如把功课学好，能学多少就学多少。此后他就背着书包安心上学，在课堂上也不再睡觉。

学校的学习氛围很浓厚，因为要备战高考，每个人的神经都绷得紧紧的。智鹏对自己没有要求，觉得考不上大学也没关系，反正父母对他的要求就是把高中上完，多学些知识。

慢慢地，他开始能听懂老师的课，认真写作业。他觉得反正逃不掉，那就好好去做。出人意料的是他竟然也考上了大学，虽然不是名牌大学，但是相对于那些只能流落到低一级学校的同学来说，他是幸运的。

智鹏用乐观的态度对待自己的人生，既然上学是必然的，那就认真上课，至于能不能考上大学，顺其自然就行。大学毕业后，学校给他分配了工作，他也就听从分配，老老实实地去单位报到，做着自己分内的工作。

他尝到学习的乐趣，业余时间开始读研。当周围人开始谈恋爱，他也遇到了自己喜欢的女孩，浪漫的追求和乐观的态度，很快得到女孩的回应，两人携手走进婚姻的殿堂，建立起自己的家庭，有了可爱的宝宝。

他没有刻意给自己安排什么，只是习惯性地把自己的生活分成三部分：用七成的力量去努力做好自己的工作、照顾好自己的家庭，两成的力量去追寻自己的梦想，还有一成就是去发现生活的本质，快乐地活着。

现在他有房有车，有个幸福的家庭，父母安享晚年，这些就是他的幸福。偶尔他会想，当年如果真的辍学去写文章，那肯定不会有现在的生活。

他想过，如果高中辍学他能做什么？只能是在工地上搬砖，还得看工头们要不要他搬；或者送外卖，为了几块钱风里雨里地奔波，最后为了一碗粉还被客户投诉。换句话说，如果他们也能坚持学习，肯定不会这样的。就像智鹏父母经常说的：“知识改变命运！”

赵立杰，一个很普通的名字，也是一个普通的人，却做出了不普通的事。

他不喜欢自己大学本科的专业，但还是认真地把大学读完，以优异的成绩毕业。在人们诧异的眼光中，他选择了去快递公司当收派员，成为一名普通的“快递小哥”。很多人都为他惋惜，但是他很乐观，也没有觉得自己憋屈，他说：“我的心态很平稳，我觉得这个行业有广阔的发展前景。”

两年后，赵立杰可以熟练地进行快递服务，得到众人的好评。这时，快递公司内部招考飞行员的消息让众多年轻人跃跃欲试，当时有很多人报名，其中也包括赵立杰。男人都有个蓝天梦，而他对飞行员的概念还停留在电影、电视的飞行场面上，连飞机都没坐过。

凭着在快递公司的优良记录，尤其是大学本科的文凭，他成为公司最早的飞机师学员之一。

“快递小哥成为飞行员”的标题刷屏般地充斥着网络，引来人们羡慕的眼光，也带给他很大的压力，因为开飞机跟骑电动车派送完全不一样。他想办法排解工作带给他的压力，放假的时候就去打球、游戏。

赵立杰把每一次飞行都当成新的挑战，乐观地说：“长期闷在驾驶舱里确实很枯燥，但每次都能飞到不同的目的地，那是电动车无法到达的远方，这份工作开拓了我的眼界。”他总是用乐观的态度面对问题，更多的飞行经验让他可以应对各种突发情况。

拥有乐观心态的人，必然是一个充满阳光的人，他们热爱生活，拥有积极的心态，会积极思考，就算面对挫折也泰然处之。我们要养成乐观的态度，遇到问题不要逃避，告诉自己：“我可以！”

发现问题，解决问题，成为自己生命的主宰

在现实生活中，我们经常会有种无力抗争的感觉，所谓的造化弄人，总觉得自己被生活支配。我们认为自己的幸福和苦难都是因为外在的因素，跟自己无关。

当经历了生命的风风雨雨，可以控制住自己的情绪，不过分依赖别人时，我们会发现自己才是自己生命的主宰，创造着自己的生活，与别人无关。

好友春春是一位美女，应聘在一家公司的前台做接待，站在那里就像一道亮丽的风景线，得到过往同事们的称赞，但是她却想辞职。

一天，她跟我说："做前台真的太累了，每天都要求化妆，七点前就要起床，我都没有办法睡懒觉，工作的时候站在那里腿都麻了，还得时刻保持微笑，笑得我嘴角都有点抽筋。我想辞职。"

我好笑地看着她说："那你想做什么呢？"她两眼放光地憧憬道："我想做的事情很多，一直找不到时间做。如果辞职了，我想读书，读很多书，我想把现在看的那部韩剧看完，我还想学韩语。"

她兴奋地问我："你有没有想过一个场景？房间的阳台上，放置一把古色古香的藤椅，椅前有一个小巧的茶几，上面有杯热气腾

腾的奶茶，阳光照耀在身上，那种感觉多舒服！”

那种感觉当然很好，但只能偶尔为之，不是生活的常规模式。我摇了摇头。她委屈地看着我说：“朝九晚五的生活逼得我想发疯了，我要做自己想做的事情。”自己的生活只有自己决定，别人的意见只能作为参考，我的劝告无效，最终她还是选择了辞职。

两个月后，她用微信发了个信息给我：“快来帮帮我吧。”再加个哭的表情，不知道发生了什么事。下班后我火速去她家，敲响了她家的门。

过了一会儿门才打开，里面的人伸出头，蓬头垢面，衣着邋遢，萎靡不振地看着我。我诧异地看着眼前这个颓废的女子，这还是那个在前台巧笑倩兮、顾盼生辉的青春美少女吗？

走进她的房间，脏衣服堆得到处都是，被子散开放在床上，茶几上用过的奶茶杯散发出古怪的味道，地上散乱地摆着各种零食袋子，还有喝过的饮料瓶。这里曾经那么整洁，而现在就跟个垃圾箱一样，真不知道她怎么可以住在这样的环境里面。

看着眼前的一切，我不需要问她这两个月怎么过的，也可以明白她的美好计划肯定早就搁浅了。她穿着睡衣睡裤，求救般地看着我说：“我想去上班了。”

大多数人的自制力都不强，无法控制自己的行为，需要很多外力去帮助他们发现问题。当拥有解决自身问题的能力时，才能够主宰自己的命运，才可以想做什么就做什么。

曾经搬到一户人家附近，那家的男主人每天按时上班，到点下班，很少晚归，孩子在附近上小学，女主人不上班，据说想照顾家庭就辞职做了全职太太，打理家庭生活。

印象中的家庭妇女都不修边幅，可以一整天穿着睡衣在家里晃荡，举止粗俗，说话都是大声吆喝，没有一点女性的温柔。就像《红楼梦》中贾宝玉说的那句:“女孩儿未出嫁，是颗无价之宝珠;出了嫁，不知怎么就变出许多的不好的毛病来，虽是颗珠子，却没有光彩宝色，是颗死珠了；再老了，更变的不是珠子，竟是鱼眼睛了。”

隔壁那位女主人没有变成让人厌恶的“鱼眼睛”，她总是娉婷袅娜地行走在小区附近，娇艳俏丽的容貌让人感觉不到她年龄的大小，优雅大方的谈吐让周围人都很喜欢她。

她每天一大早起床，为丈夫和孩子准备营养早餐。等丈夫上班，孩子上学后，她会换上运动衣，去附近的公园里跑上一个钟头，再去菜市场买些新鲜的菜肴，回到家后洗个澡，换身漂亮的衣裳收拾家里。

中午丈夫和孩子都在学校吃饭，她会做些简单的饭菜，够自己一个人吃就可以了。下午，她雷打不动地坐在阳台的椅子上看书，不管窗外是狂风暴雨还是风和日丽，她都可以坦然地面对。偶尔路过的我透过窗玻璃看到她优雅地端起一杯咖啡细品时，美得像一幅画。

这种生活我们都向往，就像我的好友春春一样，她也向往这样的生活，而且辞职去实现自己的梦想，但是能坚持下来不容易。人总是容易被现实生活左右，无法随心所欲地掌控自己的生活。

隔壁的女主人从来不在饮食上放纵自己，坚持运动并且经常读书。她的坚持让她有了姣好的身材、健康的身体和渊博的知识，从来没有与丈夫的世界脱轨，教育孩子也温柔有方，家里整天充满欢声笑语。

她神色从容，见人都保持着微笑，安稳地跟丈夫度过了七年之痒，迈入了中年妇女的行列。她那双眼睛流露出内心的幸福和满足，告诉人们这就是她选择的生活。她主宰着自己的生命，过着自己想要的生活。

看了她的生活，我决定辞职，离开朝九晚五的公司，离开格子间，回到家里做自己想做的事，写自己的文章。每天，我还是六点半就起床，简单地收拾家里，然后去附近的公园里跑步。偶尔会遇到隔壁的女主人，两人相伴着一起做运动，然后一起去菜市场买些新鲜的菜。我突然发现隔壁的女主人对于菜有很深的研究，她可以一眼就判断出眼前的蔬菜是有机菜还是化肥催熟的菜。

回来后洗个澡，换上漂亮又舒适的棉麻衣服，吃些简单的早餐，开始一天的工作。我不喜欢化妆，青春就是最美丽的妆容，我不需要为任何人改变自己，只要清洗干净，搽些基本护理的面霜就可以。

一切准备停当，我坐在电脑前写文章，直到中午，再烹制些营养又美味的午餐，量不多，够一天的吃用就可以。然后把家里收拾一下，下午我会小睡一会儿，因为晚上熬夜比较多。

现实的人生，白天太多的噪声总是会打断我的思路，只能一次次地逼着自己安静下来。我想办法克服自己性格中的惰性，不给自己开小差的借口。人生就是要一次次跟自己做斗争，想主宰自己的命运，就要有足够坚强的毅力。

睡一觉，人会感觉清爽了很多，这时我会构思新的章节，看会儿书，刷下手机，看下新闻，了解现实生活的各种变化。晚间一般情况下都在家里写文章，偶尔会跟好友出去小酌几杯，放松一下。

最喜欢夜晚十点钟以后，外面一片宁静，大多数人经历了一天的辛苦劳作进入了梦乡，这个时候我的思路非常清晰，落笔也很轻松，可以很快进入我的文字海洋，与里面的主人公对话。

温暖的灯光照耀着整洁的家，我不需要取悦别人，我只要坚持过自己的生活就好。很多的坚持都是年轻时培养的，在没有能力主宰自己命运的时候，就要养成良好的自律习惯。总有一天，你的努力会有收获，有能力主宰自己的命运。

努力，活出自己的精彩！